メディア学
キーワードブック

― こんなに広いメディアの世界 ―

東京工科大学メディア学部 編

コロナ社

「メディア学キーワードブック」編集機構

【監　修】

相川　清明　　　近藤　邦雄

【編集委員】（　）は担当した分類

相川　清明（メディア学，音声音響）　　　進藤　美希（ビジネス・サービスデザイン）

榎本　美香（ヒューマンインタフェース）　　竹島由里子（シミュレーション）

柿本　正憲（コンピュータグラフィックス）　寺澤　卓也（コンピュータネットワーク）

菊池　　司（視覚情報デザイン）　　　　　藤澤　公也（コンピュータシステム）

近藤　邦雄（アニメーション）　　　　　　松永　信介（ソーシャルデザイン）

榊　　俊吾（社会・経済情報）　　　　　　三上　浩司（ゲーム）

佐々木和郎（映像制作，音楽）

【執筆者】

相川　清明　　　菊池　　司　　　寺澤　卓也

宇佐美　亘　　　岸本　好弘　　　藤澤　公也

榎本　美香　　　近藤　邦雄　　　松永　信介

太田　高志　　　榊　　俊吾　　　三上　浩司

大淵　康成　　　佐々木和郎　　　吉岡　英樹

柿本　正憲　　　進藤　美希　　　渡辺　大地

上林　憲行　　　竹島由里子

氏名はいずれも 50 音順

目次

用語の前のチェックボックスは，「はじめて学んだ」，「2度学んだ」，「理解した」というように，チェックマークをつけたり，「はじめて読んだら斜線を1本」，「2度目に読んだら，もう1本」など，さまざまな使い方ができます。皆さんの工夫で活用してください。自分がどの分野に興味があるのかを知る目安にもなるかと思います。

メディア学
- □□□ メディア学 ………………………………………………… 6

映像制作
- □□□ 映　　画 ………………………………………………… 8
- □□□ 脚本と演出 ……………………………………………… 10
- □□□ 撮影と編集 ……………………………………………… 12
- □□□ 映像のデザイン ………………………………………… 14
- □□□ VFXとCG ……………………………………………… 16
- □□□ 映像制作の現場 ………………………………………… 18

アニメーション
- □□□ アニメーション ………………………………………… 20
- □□□ コンテンツクリエーションと産業 …………………… 22
- □□□ 制作工程 ………………………………………………… 24
- □□□ シナリオライティング ………………………………… 26
- □□□ キャラクターメイキングプロセス …………………… 28
- □□□ キャラクターメイキング技術 ………………………… 30

ゲーム
- □□□ ゲ　ー　ム ……………………………………………… 32
- □□□ ゲームの進化と産業 …………………………………… 34
- □□□ ゲーム企画と制作プロセス …………………………… 36
- □□□ ゲームエンジン ………………………………………… 38
- □□□ リアルタイムグラフィックス ………………………… 40
- □□□ ゲームAI ………………………………………………… 42
- □□□ キャラクターAI ………………………………………… 44
- □□□ メ　タ　AI ……………………………………………… 46
- □□□ ナビゲーションAI ……………………………………… 48
- □□□ 有限状態遷移機械 ……………………………………… 50
- □□□ VRとAR ………………………………………………… 52
- □□□ インタラクティブアート ……………………………… 54
- □□□ ゲーミフィケーション ………………………………… 56

シミュレーション
- □□□ 群集シミュレーション ………………………………… 58
- □□□ 自然現象のシミュレーション ………………………… 60
- □□□ 物理シミュレーション ………………………………… 62

		流体シミュレーション	64
		可　視　化	66
		科学技術データ可視化	68
		情報可視化とビジュアルアナリティクス	70

視覚情報デザイン

		色彩と配色	72
		グラフィックデザイン	74
		Web デザイン	76
		ビジュアルコミュニケーション	78
		インフォグラフィックス	80

コンピュータグラフィックス

		コンピュータグラフィックス	82
		幾何学的変換	84
		投　影　変　換	86
		レンダリング	88
		形状モデリング	90
		ディジタル画像	92
		イメージメディアと画像処理	94
		コンピュータビジョン	96
		動画像処理	98

音　声　音　響

		音声インタフェース	100
		音声信号処理	102
		音　声　認　識	104
		音　声　合　成	106
		音響インタフェース	108
		音響信号処理	110
		聴覚信号処理	112
		視聴覚情報処理	114
		心理計測と分析法	116

ヒューマンインタフェース

		ヒューマンコンピュータインタラクション	118
		インタフェースデザイン	120
		マルチモーダルインタラクション	122
		言　語　処　理	124
		非言語のコミュニケーション	126
		感性情報処理	128

コンピュータシステム

| | | コンピュータシステム | 130 |
| | | 情　報　検　索 | 132 |

	情報セキュリティ	134
□□□	モバイルメディア	136
□□□	プログラミング	138
□□□	開 発 環 境	140
□□□	クラウドサービス	142

コンピュータネットワーク

	コンピュータネットワーク	144
□□□	インターネット	146
□□□	ユビキタス・ウェアラブル	148
□□□	ソーシャルコンピューティング	150
□□□	ソーシャルネットワーク	152

社会・経済情報

	社会経済と計測	154
□□□	経済統計調査分析	156
□□□	社会経済シミュレーション	158

ソーシャルデザイン

	教育システムとメディア	160
□□□	ICT 活用による学習支援	162
□□□	インストラクショナルデザイン	164
□□□	オープンエデュケーション	166
□□□	メディア文化と社会	168
□□□	ニュースメディア	170
□□□	ソーシャルコミュニケーション	172
□□□	プラットフォーム	174

ビジネス・サービスデザイン

	インターネットビジネス	176
□□□	モバイルマーケティング	178
□□□	コンテンツのマーケティング	180
□□□	広 告 技 術	182
□□□	インターネットコミュニティ	184
□□□	映像配信サービス	186
□□□	サービスデザイン	188

音　　楽

	音 楽 産 業	190
□□□	サウンドデザイン	192
□□□	音 楽 創 作	194
□□□	音 楽 配 信	196

本書の使い方

本書は，メディア学にはじめて触れる方に，メディアの世界の広さ，学問としての興味深さを知っていただくために作成され，以下のように構成されています。

執筆者
このページを執筆した人

チャート
メディア学の要素を「コンテンツ」，「技術」，「社会」の3要素と考え，各要素との関連の強さを1（関連弱）～5（関連強）で表現（詳細は「メディア学」のページを参照）

分類
キーワードが所属する分類

キーワード
メディア学を学ぶにあたって知っておきたい用語

イントロ
ここではどのようなことが説明されているかをコンパクトに紹介

関連キーワード
かかわりの深いキーワード，知っておきたいキーワード

アニメーション

● 執筆者：近藤邦雄

キャラクターメイキング技術

キャラクターメイキング技術には，キャラクターを形作る3次元モデリング，コラージュ法，形状変形法，動きを作るためのキーフレーム法，モーションキャプチャ，フェイシャルキャプチャ，動きの誇張表現のためのモーションフィルター，キャラクターの演出のためのライティングスクラップブックなどがある。

関連キーワード 3次元モデリング，コラージュ法，形状変形法，キーフレーム法，モーションキャプチャ，モーションフィルター，ライティングスクラップブック

3次元モデルを作るために，3次元CGソフトや3次元スキャナ装置を利用する。CGソフトによる3次元キャラクターモデルは，多面体，ポリゴン，細分割曲面，ベジェ曲面などを用いて制作する。また3次元スキャナを用いれば，人物を計測してスポーツゲームなどのリアルなキャラクターを制作することができる。

映像コンテンツに登場する3次元キャラクターモデルを制作するためには，シナリオと設定資料に従ってキャラクターデザイン原案の制作を行う。このデザインのために，キャラクターのパーツを配置・合成するコラージュ法や体形シルエットやモデルを変形する手法がある。この方法を用いて制作したキャラクターを活き活きと動かすために，骨格を指定してポーズや動きをつける。図1にデザイン原案のためのシルエット，3次元パーツのコラージュによるロボットのポーズ検討，デフォルメキャラクター原案を示す。

アニメーションは，画像を連続的に表示した動画であり，これによりキャラ

(a) 2次元シルエット

(b) 3次元パーツコラージュ

(c) デフォルメキャラクター

図1 キャラクターデザイン原案の制作

メディア学大系

1. メディア学入門
   飯田仁・近藤邦雄・稲葉竹俊 共著

2. CGとゲームの技術
   三上浩司・渡辺大地 共著

3. コンテンツクリエーション
   近藤邦雄・三上浩司 共著

4. マルチモーダルインタラクション
   榎本美香・飯田仁・相川清明 共著

5. 人とコンピュータの関わり
   太田高志 著

6. 教育メディア
   稲葉竹俊・松永信介・飯沼瑞穂 共著

7. コミュニティメディア
   進藤美希 著

8. ICTビジネス
   榊俊吾 著

本文
キーワードの解説

分類 INDEX
分類でキーワードを探すときに参照

クターの活き活きとした動きを表現できる。動きの生成には，キャラクターに対してキーフレームを設定し動きを指定する方法，モーションキャプチャを利用する手法がある。キーフレーム法は二つのキーとなる図形の間を線形補間することによりその間の図形を求める方法である。一方，モーションキャプチャ（図2）やフェイシャルキャプチャで計測した人の動きや顔の表情データを用いたリアルな動きは，CGアニメーションやゲームで活用されている。

図2 モーションキャプチャ　　図3 動きの誇張表現　　図4 ライティング効果

また，表現するシーンを強調するために非現実的な誇張表現が使われる。この誇張表現には，過去のアニメーションを参考にした表現，形状変形による動作誇張表現，動き表現のためのカトゥーンブラーなどがある。さらにモーションキャプチャの動きに対して強調表現の効果を加え，新たな動きを生成するモーションフィルター手法がある（図3）。このモーションフィルターを通して出力された動きは，現実の動きと比べて，スピード感や感情表現が強調された動きとなり，アンティシペーション，フォロースルーが表現できる。

映像コンテンツにおける照明（ライティング）は，シーンにおいて，キャラクターの印象を決めるための大切な要素である（図4）。過去の作品のライティング情報をまとめた検索可能なライティングスクラップブックは，キャラクターの感情を表現するために欠かせないものである。

● **ディズニーアニメの極意**　　　　　　　　　　　　　Column

ディズニーのアニメーション制作を学ぶには，1981年にフランク・トーマスらによって執筆された『生命を吹き込む魔法：ディズニー・アニメーション（The Illusion of Life: Disney Animation）』が参考になる。キャラクターに命を吹き込むアニメーションの12の基本法則（12 Principles of Animation）のビデオも公開されているので，それらをよく理解すればアニメーションの基礎的な誇張表現ができる。

もっと知りたい❼ 『メディア学大系』3巻，15巻をご覧ください。

コラム
キーワードに関連する読み物

もっと知りたい
深く知りたい方へシリーズ書籍『メディア学大系（ラインナップは下記参照）』を紹介

9	ミュージックメディア 大山昌彦・伊藤謙一郎・吉岡英樹 共著	13	音声音響インタフェース実践 相川清明・大淵康成 共著
10	メディア ICT 寺澤卓也・藤澤公也 共著	14	映像表現技法 佐々木和郎・上林憲行・羽田久一 共著
11	自然現象のシミュレーションと可視化 菊池司・竹島由里子 共著	15	視聴覚メディア 近藤邦雄・相川清明・竹島由里子 共著
12	CG数理の基礎 柿本正憲 著		

（11，12，14巻は2017年2月現在未発行）

メディア学　　　　　　　　　　　　　　　執筆者：相川清明

メディア学

メディアの進化を支えているのが「メディア学」であり，理論や原理から応用までが有機的に結びついた学問体系である。本書は，その「メディア学」を網羅したシリーズ書籍『メディア学大系』への橋渡しの役割を担う。

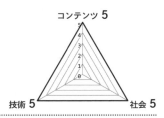

関連キーワード　視聴覚，映像，アニメ，音楽，ゲーム，インターネット，情報，コンピュータ，コンテンツ，技術，社会，CG，演出，音響，教育，ソーシャル，ビジネス，広告，報道，SNS

　メディアとは媒体のことである。媒体のなかでも，単なるコンピュータ間のデータの媒体ではなく，「人から人」に情報を伝える媒体であるという点がメディアの特徴である。なぜ「人から人」なのだろうか？

　「メディア」は日常よく耳にする言葉である。マスメディアなど報道の意味でのメディア，デジタルカメラなどの記憶媒体の意味でのメディアなど，「メディア」という言葉は日常生活のいたるところで使われている。具体的な媒体として，コンピュータ間のデータの伝送，スマートフォンによる通信，テレビなどが思い浮かぶ。このため，「メディア学」とは電子工学，情報通信工学ではないかと想像する人も多いのではないかと思う。たしかに，このような要素はメディア学に含まれる。しかし，もう一歩踏み込んで考えると，メディアは放送，報道，映像，映画，アニメ，ゲーム，音楽など，人や社会や文化に関係が深いことがわかる。さらに掘り下げると，メディアには，視聴覚，コンピュータグラフィックス（CG），演出，音響，教育，ビジネス，広告，ネットワーク，SNS（social networking service）などが関係しており，どの要因にも「人」が関係していることに気づく。

　人にとっての情報は，文字，音，画像などで表現されており，人から発生し，人が受け取る。送信者から受信者に，メッセージ，事実，感情，意志などが伝わってはじめて情報となる。この点がコンピュータからコンピュータへの情報

伝達と異なる。以上から，「メディア学」とは，「人から人」への情報伝達に関する学問だといえる。メディア学における情報は，「人から人」へ，きちんと情報が伝わることに意味がある。情報工学的に DVD は 4.7GB の物理的な情報量を有するが，受信者がなにも感じ取れなければ，メディアの意味での情報量は皆無である。

　本書の各ページに「コンテンツ」，「技術」，「社会」の 3 要素に関するレーダーチャートが表示されている。この 3 要素は，どんなメディアにも必要な基本要素である。レーダーチャートは各用語がこの 3 要素にどれくらい深く関係するかを示している。

コンテンツ：メディアが伝える情報は言語のみではなく，視覚・聴覚に訴えるものが多い。これらは，一種の情報媒体である。伝えたいことをいかに表現して情報媒体に載せるかがメディア学の要素の一つである。

技　術：人の五感に情報を呈示して伝えたいことが伝わるには，人の五感の特性を突き詰める必要がある。人が感覚に基づいて情報を受け取ることを前提とした，情報伝達の方法の創出がメディア学の要素の一つである。

社　会：情報が載ったコンテンツは水と同じで水路を作り流してあげないと伝わらない。情報を広める広告宣伝，教育やビジネスへの使い方，メディアで人と人，人と社会を結ぶ方法がメディア学の要素の一つである。

　これらの 3 要素の基礎に，さらに物理，数学，心理学，社会学，経済学などの基礎学問も必要である。例えば，コンピュータグラフィックスの世界はもはや自然現象のシミュレータである。自然界で起こっていることを忠実に再現できてはじめて，自然なアニメやゲームや映像作品が創作できる。

　情報伝達は，はじめは「人から人」へという「1 対 1」であった。それが，印刷の発明，電波の発明により「1 対多」に変化した。さらに，インターネットの発明により情報のやり取りは網の目のようになり，「多対多」と拡大してきた。これからもメディアは限りなく進歩してゆく。

もっと知りたい❶ ➡ 「メディア学大系」**1 巻**をご覧ください。

映像制作　　　　　　　　　　　　　　　　　● 執筆者：佐々木和郎

映画

映像制作の基本を学ぶためには，過去の名作といわれる映画から学ばなければならない。有能な映像クリエイターとは，たくさんの名作を知り，その優れた点を実際の制作に役立てることができる人材である。まずは自分のなかに名作映画のリストを持ち，系統的に学ぶことからはじめよう。

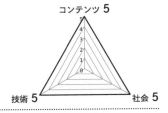

関連キーワード　映像演出，脚本，ストーリー，撮影技術，編集技術，映像美術，ビジュアルデザイン，特撮（SFX），VFX，ディジタル映像加工技術，ドキュメンタリー，ノンフィクション

どの時代においても観る者を感動させ，生きる力を与えてくれるのが「名作映画」である。そして「名作映画」からは，脚本制作から演出，表現技術まで，スタッフによる努力の軌跡を至るところで学ぶことができる。こうした名作映画のリストを，自分自身で構築してみよう。その際には，それぞれの映画の特徴をさまざまなカテゴリーに分けて整理しておくことが重要である。ここではそのいくつかの例を示す。

まずは，古典的作品について考える。UCLAフィルムスクールにて，幾多の映画監督，脚本家，プロデューサーを育ててきたハワード・スーバー教授は「名作映画」とは「記憶に残る作品」であると述べている。具体的には公開された年の上位10位以内で，公開後も10年間は人気を維持したことを条件としている。アニメ監督の押井守氏も自著で，若い人こそ古典映画を鑑賞すべきと薦めている。例えば『市民ケーン』，『サンセット大通り』，『波止場』，『七人の侍』，『サウンド・オブ・ミュージック』のように長期間にわたり高い評価を維持した名作映画である。

また，『素晴らしき哉，人生』，『陽のあたる場所』，『生きる』，『赤ひげ』，『フィッシャー・キング』，『グラン・トリノ』のような名作映画のなかには，だれもが人生で体験するような物語が含まれている。人生への疑問，友情と裏切り，挫折と復活，自己犠牲と他者への愛。いずれも人の一生について深く考えさせられるものであり，社会に出る前の学生時代にぜひ観てほしい。

名作映画からは優れた映像表現技法を学ぶこともできる。以下に挙げる作品では，名カメラマンや名編集者による高度な映像表現技法の実例を観ることができる。『山猫』，『地獄の黙示録』，『隠し砦の三悪人』，『ゴッドファーザー』，『ワイルド・バンチ』，『フレンチ・コネクション』のような映画における各シーン，各カットを注意深く，繰り返し観ることで，撮影や編集における重要な考え方を知り，映像のテクニックを幅広く学ぶことができる。

　映像美術とは物語の背景となる時代状況を再現し，作品にリアリティと美しさを与える技法である。以下に挙げる作品では，タイトルデザインから作品全体のルックスに至るまで，明確なビジュアルデザインのコンセプトが徹底されている。『サイコ』，『博士の異常な愛情』，『影武者』，『マイレージマイタウン』，『ロイヤル・テネンバウムス』などの作品の持つテーマが，どのようにビジュアルデザインに生かされているか，また背景美術，衣装，小道具などがどのような役割を果たしているかを考えながら鑑賞してほしい。

　ファンタジーや SF からスペクタクル歴史巨編まで，映像表現の領域を大きく広げてきたのが「特撮技法」である。『北北西に進路を取れ』，『2001 年宇宙の旅』，『アルゴ探検隊の大冒険』，『ブレードランナー』，『マトリックス』，『インターステラー』などの作品から特殊映像技法を学んでほしい。そして，これらの技術は，映画史における数々の実験的な試みによって生み出されてきたことを知ってほしい。CG（computer graphics）や VFX（visual effects）など，現代の映像技術の基盤となる技法のエッセンスを知るべきである。

　世界の歴史を描いた作品のなかには，映像表現の素晴らしさを兼ね備えた作品も多い。以下に挙げる作品は，歴史的教養を磨いて世界的な視野を持つ人材になるための理想的な教科書である。『アラビアのロレンス』，『ガンジー』，『シンドラーのリスト』，『戦場のピアニスト』また，ドキュメンタリースタイルによるノンフィクション作品として『遠い夜明け』，『阿賀に生きる』，『ミュージック・オブ・ザ・ハート』，『リトル・バード』なども重要である。

もっと知りたい❗ → 「メディア学大系」**14 巻**をご覧ください。

映像制作

執筆者：佐々木和郎

脚本と演出

優れた映像作品には観るものの心に届く素晴らしい物語がある。その物語がより魅力ある形で感動とともに伝わるためには，詳細に構成された脚本と卓越した演出の力が必要である。脚本とはなにか，そして演出とはなにかを考える。

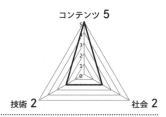

関連キーワード　脚本，ストーリー，カメラアングル，撮影，照明，演出，視覚化，実在感

　まず，脚色作品とオリジナル作品について考える。脚色作品とは，なにか元となる原作が存在していた作品のことである。小説，舞台演劇や新聞記事，ときにはポップスの歌詞が原作となることもある。『マイ・フェア・レディ』は舞台演劇が原作である。オリジナル作品とは新しいアイデアで書き下ろされたものである。『2001年宇宙の旅』は，アーサー・C・クラークによる原作と映画脚本が同時に書き進められたオリジナル作品という稀な例である。

　脚本の基本要素として，登場人物，対話，行動，場面設定がある。さらに重要なものとしてテーマとなるものが必要である。「成長」，「友情」，「裏切り」，「戦い」など，作品の柱となるものである。映像作品の基本ストーリーはプロットと呼ばれる。あるプロットは別のプロットと因果関係で結ばれ，空間と時間においてたがいに関連して進行する。それによって映像作品の連続性が生まれる。

　図に示すように，物語が順を追って進む物語の構造を「直線構造」という。古典構造，あるいはアリストテレス的構造と呼ばれ，現在でも有効な構造であ

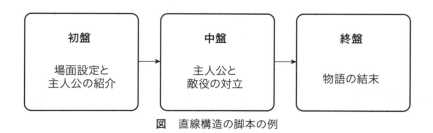

図　直線構造の脚本の例

る。アリストテレスはギリシャ悲劇の持つ共通の構造には，初盤，中盤，終盤があることに気がつき，それを定義した。

　それに対して「コンテキスト構造」とは，時系列的な展開ではなく共通の雰囲気やテーマといった文脈ごとの結びつきで展開されるものであり，スタイリッシュな映像作品や，芸術的な表現に向いている。MV（music video）や，コンサート記録映像などに多用される。

　脚本のなかに込められた物語と芸術的な意図を過不足なく映像作品のなかで実現するのが演出である。アンドレ・バザンは著作『映画とは何か』のなかで，「プレゼンス（存在感）」という言葉を用いたが，映画を見ている観客が，自分がスクリーンの映像と同じ時空間に存在しているように感じることが，映像における演出の重要な到達点である。また，作品が伝えるべきメッセージを，さまざまな演出技法を用いて，効果的かつ印象的に伝えることが重要である。

　映像演出の最も重要な作業は，文字で書かれた世界を映像にする「ビジュアライズ（視覚化)」である。そこではあらゆる映像表現の能力が必要となる。撮影現場においては，俳優の演技から背景美術，照明や撮影の方法を決定する。ポストプロダクション（撮影後の映像後処理）においては，おもに編集によって，作品の時間進行を調整し，最高の状態にまで組み上げる。そして音楽，音響効果を仕上げ，VFX（visual effects），カラーグレイディング（色彩調整）まで総合的にまとめ上げることである。

　優れた映画監督にはそれぞれのスタイルがある。つねに衝撃的なテーマを描いたスタンリー・キューブリック，人間の本性を追求した黒澤明，娯楽性のなかに人生の感動を込めたビリー・ワイルダーなど巨匠といわれる映画監督には，創作に貫いた独特の信条や手法があり，それが作品の風格やスタイルとなっている。優れた映画監督からそれぞれの「演出手法」を学ぶことが重要である。

もっと知りたい(!) ➡ 「メディア学大系」**14巻**をご覧ください。

メディア学

映像制作

アニメーション

ゲーム

シミュレーション

視覚情報デザイン

コンピュータ
グラフィックス

音声音響

11

映像制作　　　　　　　　　　　　● 執筆者：佐々木和郎

撮影と編集

優れた映像作品は，優れた撮影と卓越した編集に支えられている。俳優の演技も，撮影によって映像空間に的確に捉えられなければ説得性を持たない。優れた脚本も編集による時間がなければその物語を伝えることはできない。

関連キーワード　　カメラの構造，レンズ，F値，被写界深度，照明，ライト，編集，時間

「写真（フォトグラフィ）」という言葉は，ギリシャ語の「フォトス（光）」と「グラファイン（書く）」という二つの言葉からできている。「写真」とは「光で書く」という意味である。このことは，写真技法から発達した映像撮影において「光と影を捉えること」の重要性を教えている。

撮影監督（director of photography）は，構図，陰影，色彩など映像の美しさと品質に責任を持つ。カメラの機能のなかでも，光とレンズの関係や，フィルムやカメラの撮像機構を熟知し，記録される映像の詳細をコントロールする。撮影現場では，照明機材の選択と配置を指揮し，撮影に関する見識とアイデアを持って，撮影プロセスを監督しなければならない。

カメラには，いくつかの重要な機構がある。光の入り口にある「絞り（アイリス）」はカメラに入る光量を調節し，その開閉は「F値」という数値で表される。「焦点距離」の短いレンズは「広角」であり，広い空間を撮影できる。「焦点距離」の長いレンズは「望遠」であり，遠距離からの縦構図の撮影ができる。「望遠」は「被写界深度」を限定的にコントロールでき，背景をぼかした人物ポートレイトや，撮影対象が縦に並んだ「縦構図」撮影に適している。

照明セッティングの基本は「三点照明」である。キーライト，フィルライト，バックライトの三つを組み合わせるもので，サイレント映画時代から現在でも使われている基本技法である。キーライトはシーンの中心となる人物や被写体に正面から当てる。フィルライト（補助光）は，キーライトを補助するための光であり，キーライトが作る影を和らげ被写体のディテールがわかるようにす

る。バックライトは人物や被写体に背後から当てる光である。

　ロングショット（広い画角の映像）は，画面内に捉える情報量が多い。そのため，観客はそれを見るのに時間がかかる。その逆に，クローズアップ（狭い画角の映像）は，少ない情報を大きく見せるため，インパクトが強く，観客はそれを長く見せられると不快になる。ショットサイズによって映像の「時間感覚」は変わる。A・ヒッチコック監督は『サイコ』で，眼のクローズアップを効果的に使った。

　「パン（pan）」は，カメラを左右に移動することである。カメラに向かって横方向に移動する対象を追いかける場合や水平に広がる景色を順に紹介する場合などに使う。カメラを上下に動かすことを「ティルト（tilt）」という。カメラの上下の動きによるショットはなにか特別な意味を持つことが多い。ほかに，ドリーショット，クレーンショットなどの動きがある。カメラの動きは効果的ではあるが，逆に意味もなくカメラを動かすことは，観客に無駄な情報を与え混乱させる。

　編集とは「撮影された映像から無駄な部分を捨てる作業」ではない。編集作業というのはむしろ「ゼロから作品を作り上げていく」ことに近い。編集者たちは，ときには脚本の時系列設定も変え，撮影素材を活かして作品を完成させるベストな方法を見つけるため，多くの労力と時間を割いている。

　つぎに，映像における基本単位について考える。「ショット」とはある空間を撮影した一区切りの時間の最小単位であり，「シーン」は同じ空間と時間に関する複数のショットをつなげたものである。「シークエンス」はシーンが組み合わされて一つの物語の展開を構成する時間のことを意味する。

　編集によって映像作品の時間を変化させることが可能である。カット（編集）により時間を飛ばすことも可能で，観客が感じる心理的時間はショットの組合せで変わる。カットバックは「違う空間や違う時間」を交錯させる。ジャンプカットは壮大な時空間の飛躍も表現可能である。インビジブルカットは，観客に編集点を意識させず物語に没入させる編集である。

もっと知りたい！ → 「メディア学大系」**14巻**をご覧ください。

映像制作　●執筆者：佐々木和郎

映像のデザイン

映画における美術はときに製作費の大部分を占め，映像デザインの品質は作品の評価に直結する。脚本を論理的に分析し，演出意図を的確な映像に描き出すことが映像デザインの重要な役割である。時代考証，色彩理論，画面構成，そしてタイポグラフィに至るさまざまなデザインの技法について学ぼう。

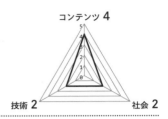

関連キーワード　デザイン，グラフィック，色彩構成，図面，スケッチ，ストーリーボード，MV，スタイル，時代考証，衣装，小道具，大道具

「デザイン」という言葉は非常に多義的である。その意味には「絵柄」，「模様」，「造形」のように美術的な面もあれば，「設計」，「計画」といったプロセスの実行に関係する面もある。映画制作における「デザイン」はさらに特殊な意味を持ち，映像設計，時代考証，撮影計画，ロケ地の選択，美術予算の管理など，映像に関連する広い責任範囲を意味する。「美術デザイン」という言葉も使われ，映像デザインは，例えば，歌舞伎などの舞台における「美術」をも継承しているのである。

映像制作における美術を担当する部門は「美術部（アートデパートメント）」と呼ばれる。美術部は美術監督（プロダクションデザイナー）によって監督される。美術部は，デザイナー，装飾，衣装，小道具，大道具，特効（特殊効果），植栽などのスタッフで構成され，映像美術の仕事を遂行するチームである。映像作品の予算規模に応じて，スタッフ構成や人数は変化する。

美術スタッフにとって最も重要な仕事は，脚本の分析（ブレイクダウン）である。撮影に必要な要素（物語の背景，小道具，衣装など）を脚本からリストアップして，物語の進行の順序ではなく，撮影スケジュールに合わせて再構成して準備を進める。俳優のスケジュールや，撮影場所の段取りなどに合わせて最も合理的な準備を行うことが，美術チームにとって非常に重要である。

デザイナーは，セット図面やスケッチにより必要な製作物の仕様を決定する。複雑で重要なシーンについては，監督，演出家とともにベストショットアング

ルの構成を考え，ストーリーボードを描く。映像製作の各段階においては，厳密な美術予算管理を行い撮影に向けたスケジュールを調整する。

　脚本に描かれた時代を再現するため，時代の特徴や生活様式を調査し，当時使われていた衣装や小道具を準備する。ロケ地では時代を再現するための特殊な装飾を行い，スタジオでは当時の建築様式に合ったセットを製作する。作品にリアリティを与え，正確な表現をするためには「時代考証」とリサーチが重要である。各ジャンルにおける専門家（食生活，服飾，軍事，船舶）の意見を聞き，時代考証資料を集めて整理することも重要な仕事である。

　グラフィックデザインも映像作品の重要要素である。オープニングタイトルや，テロップ文字，地図などはグラフィックデザイナーが担当する。ソール・バスは『ウェスト・サイド物語』や『めまい』など数多くの作品で見事なグラフィックを残した。卓越したプロダクトデザイナーであったチャールズ・イームズは，素晴らしいサイエンス映像の数々を残した。フランスのコミック作家，メビウス（ジャン・ジロー）の芸術は数々の名作 SF に影響を与えた。

　優れた美術デザイナーは作品を決定づけるようなデザインスタイルを創造する。「007 シリーズ」の映像様式を確立したケン・アダム，ヒッチコック作品シリーズのロバート・ボイル，『ゴッドファーザー』，『地獄の黙示録』など超大作を指揮したディーン・タブラリス，日本映画の名作を手がける種田陽平など，優れた映像デザイナーは，それぞれ卓越した美術デザインの設計技法を確率している。彼らの作品のなかから，デザイン技法に注目して学んでほしい。

　MV（music video）では，音楽の世界観に与えるビジュアルイメージが重要である。優れた MV 作家とは，インパクトのある美しい映像世界を創り出す傑出した映像デザイナーでもある。ファットボーイ・スリム『Weapon Of Choice』を創ったスパイク・ジョーンズ，ジョニー・キャッシュ『Hurt』を制作したマーク・ロマネクなど，先端的アーティストの感性から学ぶべきことは多い。

もっと知りたい❗ ➡ 「メディア学大系」**14**巻をご覧ください。

映像制作

執筆者：佐々木和郎

VFX と CG

映像による表現は，特撮（SFX）の歴史とともに拡大してきた。映画の草創期より映像制作の先駆者たちは，トリック撮影やフィルムの特殊加工によって，SFやファンタジー映画の表現を実現してきた。現代ではVFX加工とCG映像技術の応用により，多種多様な特殊映像を制作できるようになった。

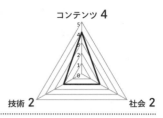

関連キーワード 特撮（SFX），VFX，CG，リアルタイム CG，バーチャルスタジオ，マッチムーブ，OAG

1895年12月28日，世界ではじめて映画が誕生した。リュミエール兄弟が作ったシネマトグラフという複合技術である。その後映画の発展のなかで，ジョルジュ・メリエスは特撮（SFX：special effects）表現の先駆的開拓者となった。『月世界旅行』では，多重露光やコマ撮りなどによるトリックに挑戦して観客を驚かせた。

1925年のアーサー・コナン・ドイルの『失われた世界』を原作とした『ロスト・ワールド』では，ストップモーションを用いて古代の生物の姿が描かれた。荒削りな表現ではあるが，こうした新しい映像表現技術はその後の映画作家の想像力を掻き立てた。マックス・フライシャーは先駆的なアニメーション作家であり『ガリバー旅行記』では，ロトスコープという，実写をトレースしアニメーション化する技術を発明している。

その後，映像というメディアによる表現の可能性を切り開く「映像表現の先駆者」たちが登場する。ノーマン・マクラレンはフィルムによる特殊撮影によるアート作品に挑んだ。コマ撮りによるピクシレーションを発明し，フィルムによるトリック撮影に挑戦した。ジョン・ホィットニー・シニアは，機械制御によるアニメーションシステムの開発を行い，モーションコントロール撮影の基礎を築いた。ズビグニュー・リプチンスキーは，ハイビジョンによる多重合成を用いた芸術作品を生み出し，現代のMV（music video）映像などの嚆矢となった。

美術デザイナーのロバート・ボイルは『北北西に進路を取れ』でラシュモア

山の急峻な崖をスタジオ合成により再現した。『鳥』では，鳥が人間を襲う劇的シーンを，ロトスコープ技術とフロントプロジェクションシステムを組み合わせて実現するなど，スタジオ撮影におけるトリック映像の可能性を開いた。ダグラス・トランブルは『2001年宇宙の旅』におけるスターゲートのシーンを，スリットスキャン技術で実現した。デニス・ミューレンは『スター・ウォーズ』，『アビス』，『ジュラシック・パーク』などで，古典的特撮テクニックと最新CG（computer graphics）技術を融合させ，ディジタル時代の現在もSFX撮影において，つねに革新的アイデアを生み出すパイオニアである。

　現代のVFX（visual effects）技術は，実写映像とCG画像とを融合する強力なツールとして発展してきた。グリーンスクリーン前で撮影された素材を切り抜く「マット合成」や，移動ショットによる撮影素材にCGの動きを合わせる「マッチムーブ」，視点を自由移動する「ブレットショット」などが考案された。現在では，「タイムスライス（コマ撮りによる時間短縮）」や，「スリットスキャン（映像を細いスリットに分割して編集する手法）」などの技法も手軽に活用できるようになった。スマートフォンのアプリでも，こうした映像効果が使える。これらの技法を使用するには，周到な映像設計と明確な撮影プランをたてることが重要である。むやみに特殊映像効果を使うのではなく，あくまで映像作品が目指す表現にふさわしい効果を厳選してほしい。

　CG画像の描画（レンダリング）速度は，時代とともに飛躍的に速くなり，リアルタイム（実時間のコマ数の）CG描画が可能となった。そのため，テレビの生放送や，生放送のイベントにおいて，CGをライブ演出に用いる可能性が広がった。その典型的な事例が「バーチャルスタジオ」である。テレビスタジオに実際のセットを建てる代わりに，CGによるセット画像を合成するものである。NHK『天才てれび君』などで，リアルタイムCGによる映像演出への挑戦が行われた。これらの映像技術は，現在でも「選挙報道」や「スポーツイベント」などにおける生放送中のOAG（on air graphics：生放送中に送出するCG映像）に応用され，テレビ映像の新表現として，新たな映像の魅力を生み出している。

もっと知りたい❗ ➡「メディア学大系」**14巻**をご覧ください。

メディア学

映像制作

アニメーション

ゲーム

シミュレーション

視覚情報デザイン

コンピュータグラフィックス

音声音響

映像制作

執筆者：佐々木和郎

映像制作の現場

映像制作の現場環境は急激な変化の最中にある。1953年に開始したテレビ放送も70年近くもの時代を生き，いま新たな技術革新の波にさらされている。これからの映像制作の現場では，最新の幅広いスキルとコミュニケーション能力を持ち，映像コンテンツに対する新しい価値観を持った人材が求められる。

関連キーワード テレビ放送，映画製作，演出，撮影，編集，美術，映像デザイン，VFX，CG，ライブ・コンサート

1953年2月1日，NHKが試験放送を開始してから70年近くもの時が過ぎようとしている。巨大な伝播力を誇ったテレビもその全盛期を超えた。インターネットによる情報革命が広がる現在，ニュース報道番組からバラエティ，ドラマまで幅広く映像を作り出すテレビは，コンテンツ戦略の大転換期に直面している。

放送業界の構造も変化している。膨大な量で生産されるテレビ番組は，現代では非常に複雑な仕組みで生み出されており，番組を放送する「放送局」とその制作を請け負う「制作会社」が分担し協力して制作をしている。放送局と制作会社による番組制作の各工程は綿密な協力関係のもとで進行する。テレビ業界全体としては，多種多様な業種の人材が，放送局の内外を問わず混在して制作にあたっている。

テレビ放送においても映画やCMの制作現場においても，映像にかかわるスタッフの構成は基本的に同じで，「制作部」，「技術部」，「美術部」の三つである。作品全体の企画立案，予算管理，制作実施にあたるのが「制作部」である。制作部では，プロデューサーとディレクターを中心に，ADや制作マネージャーが協力し合って制作を進行する。映像撮影から編集，後処理加工，映像の送信まで技術的な業務を担うのが「技術部」，そして作品の美術，装飾，小道具，衣装，メイク，そしてグラフィックデザインなどを担うのが「美術部」である。

つぎに，映像制作のプロセスを解説する。映像作品の規模，コンテンツ形式に

よって違いはあるが，映像制作は，まずは「プレプロダクション（制作準備）」からはじまる。プロデューサーは企画から脚本作りを担当する。各セクションの責任者によって，ロケ地の選定，撮影スケジュールの調整，機材の手配と準備を行う。セットの建て込み，衣装・小道具の調達など，美術スタッフが準備を進める。映像作品の成否にかかわる非常に重要な時期である。

その後「撮影（プロダクション）」に入る。ここではじめて全スタッフが集合して，監督（演出家）の指揮のもとで撮影作業を進めることになる。あらかじめ決めた撮影スケジュールで撮影を進めるが，予定外のアクシデントによる変更があり，日々の追加作業も重なる。連日の長時間労働となることも多く，スタッフにとって体力的に負担が大きいのがこの期間である。

撮影終了後は「ポストプロダクション（後処理）」の期間に入る。編集，音楽録音，アフレコ，SE の追加，MA（malti audio，音の仕上げ），などのほかに，VFX（visual effects）や CG（computer graphics）スタッフによる映像加工処理などが施される。「ポストプロダクション」の期間につぎこむ時間と労力は，作品の成否に直接つながる重要なものである。

ライブ・コンサートの中継や，スポーツ中継，そしてテレビのバラエティ番組などでは，撮影当日のリアルな時間に従って映像制作が行われる。周到な準備と打ち合わせ，そして念入りな機材セッティングが重要である。生放送中のアクシデントや変更には，その場で対応しなければならず，スタッフ全員が一致団結して連携しなければ事故にもつながる。インターネットによる動画配信技術が広がり，学会やコンベンションなどでの映像配信，生放送のイベントの中継などの現場が増えている。視聴者が見たいと思う映像を，正確にそして魅力的に伝えるにはどうしたらよいか。生放送の中継は，スタッフの高い集中力と熱意，幅広い経験の蓄積が必要とされる現場である。

もっと知りたい❗ ➡ 「メディア学大系」**14** 巻をご覧ください。

アニメーション

アニメーション

●執筆者：三上浩司

アニメーションという言葉には命を吹き込む（アニメート）という意味がある。アニメーション作品では，手描きやCGなどさまざまな技法を用いて，キャラクターを活き活きと描写する。

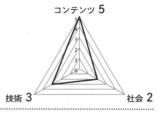

関連キーワード さまざまなアニメーション手法，キーフレーム（原画・動画），誇張と省略，トゥーンシェイディング，モーションキャプチャ，フェイシャルアニメーション

　アニメーションには用いる技法によりさまざまな種類がある。大きく分けると図に示すように紙やタブレットなどに描くセルアニメ（手描きアニメ），2Dや3DのCG技術を利用するコンピュータアニメーション，クレイアニメや人形アニメなどのストップアニメーションの三つに分けられる。

　セルアニメは，当初は紙に手描きしたものをセル（実際はアセテート）に転写して着色し，背景画と重ねてフィルムに撮影する手法を取っていた。2000

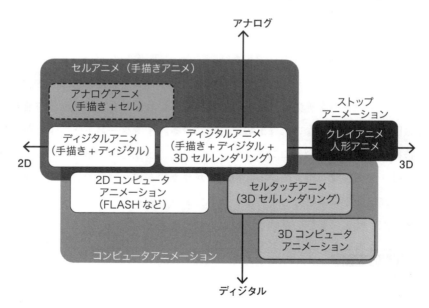

図　アニメーションの分類例

年代に入ると急速にディジタル化し，セルの代わりにスキャンしコンピュータ上で彩色し，背景画像と合成する技法が広まった。これに 3DCG による表現を加えた技法は現在のアニメの標準的な制作手法である。動きを表現するためには，動きのキーとなる「原画」を描き，その原画の間を補完するように画を描く「動画」の工程が必要になる。これらの工程こそがキャラクターを動かす中心的な工程である。

　コンピュータアニメーションは 2D と 3D の CG 技術を利用した技法である。手描きのアニメーションと違い，キーフレームを指定し，その間をコンピュータが自動で補完することでキャラクターを動かすことができる。キャラクターには骨格構造が設定されており，それらを動かすことでキャラクターのポーズを調整することができる。また，3DCG の場合は人間の体にマーカーやセンサを付けて人間の動作をコンピュータに取り込み，その動きをキャラクターの動作に適用する，モーションキャプチャという技法を用いることもある。キャラクターの表情を作る技法はフェイシャルアニメーションと呼ばれ，あらかじめ骨格構造を指定して基本となるキーフレームを設定し，キーフレーム間の変形を調整しながら目的の表情を作る。3DCG アニメーションでありながら，2D アニメーションや手描きのような質感を生み出す技法としてトゥーンシェイディングがある。光源からの光とモデルの表面の向きを計算することで塗り分けを行い，手描きのような質感を表現することができる。手描きの素材と 3DCG を違和感なく組み合わせたり，3DCG を利用して手描きの作品のように見せるために利用する。

　ストップモーションアニメは，人形や粘土で作ったキャラクターを，徐々に変形させながら 1 コマずつ撮影していく技法である。デジタルカメラで撮影したのち，コンピュータ上で CG と合成したり視覚効果を加えたりすることもある。

　どのような技法を用いた場合でも，キャラクターを活き活きと動かすためには，人間や動物の動作をよく観察し，理解することが重要である。そのうえでキャラクターらしい誇張と省略を加えることで，せりふがなくても動きだけで性格や感情，行動を表現することができる。

もっと知りたい❗ ➡ 「メディア学大系」**3巻**をご覧ください。

メディア学

映像制作

アニメーション

ゲーム

シミュレーション

視覚情報デザイン

コンピュータグラフィックス

音声音響

アニメーション

コンテンツクリエーションと産業

● 執筆者：三上浩司

コンテンツはそれを流通させる産業やメディアがあってはじめてコンテンツとしての価値を持つ。ここでは映像コンテンツの制作と産業について述べる。近年では，コンテンツの流通手法が大きく変化している。

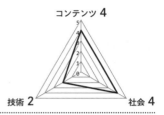

関連キーワード 映画，テレビ，BD (blu-ray disc)，インターネット，アニメ，製作委員会，4K，ワンソースマルチユース

　映像コンテンツは制作しただけではなく，それらを流通させてはじめて産業として成り立つ。同じ映像コンテンツというくくりであっても，対象とするメディアによって，制作する仕様が微妙に異なっている。ディジタル化が進んだ現在では，「ワンソースマルチユース」の考え方が一般的で，高品位なディジタルマスターからさまざまなメディアに向けて映像を出力する考え方が広まっている。

　映画は最も高品質な映像や音響を提供できる映画メディアである。2000年代に入り，D-cinema（ディジタルシネマ）と呼ばれるディジタル化が進み，現在では，4K（横4 096，縦2 160ピクセル）の高精細な映像やIMAXなどの高臨場感映像，通常の24コマ/1秒のフレームレートを48コマ，60コマ120コマなどに拡張させるハイフレームレート技術（HFR）なども存在している。映画の上映にも規格が定められており，それぞれに適応した制作手法とマスターデータ制作を行う必要がある。

　テレビは最も身近な映像メディアの一つである。2011年にディジタル放送に完全移行した。現在はフルHD（high definition）と呼ばれる横1 920，縦1 080ピクセルの映像信号が主流である。近年は4Kテレビという横3 840，縦2 160ピクセルの解像度に対応したものや，広輝度域（HDR）に対応した製品も登場している。これらの機能を活かすためには放送電波そのものも対応する必要がある。テレビの規格は映画以上に影響が大きいため，新しい放送形態に変更す

ることは大変労力がかかる。現在はオリンピックに向け，4K 放送などの新しい
規格での放送の試験が行われている。

　インターネットでの放送は 2000 年ごろから広がりを見せた。従来はネット
での視聴は映画やテレビの補助的な視聴とされ，短めの作品が主流であった。
近年は映画やテレビと比較して，独自の規格や配信方法を利用できたこともあ
り，4K やステレオ 3D（stereoscopic 3D）や，VR（virtual reality），360 度映
像などの特殊な映像コンテンツを提供するメディアとしても貴重である。近年
では，ネットを利用した映像コンテンツサービスが躍進してきており，著名な
制作会社によるアニメ作品やドラマなどが，テレビや映画ではなくネットで放
映されることが増えてきている。

　これらのメディアに対してアニメーションやドラマなどのコンテンツを提供
する場合，多く利用される製作方式に「製作委員会」方式がある。ここでは純粋
なクリエーション（制作）とビジネスにおけるプロデュース（製作）を分けて
使用する。製作委員会は製作する映像に関連する企業が，その作品にかかわる
権利を得る代わりに製作費を出資する仕組みである。製作委員会は製作したコ
ンテンツを映画やテレビ放映，BD（blu-ray disc）やインターネット配信，ゲー
ム化や海外販売などさまざまなメディアやチャンネルを用いてビジネス展開し
ていく。

　映画などの拠点での上映や BD などのパッケージの場合は，ユーザーに意図
的に映画館や販売店に足を運んだり，インターネットのオンライン販売サイト
にアクセスしてもらい対価を支払ってもらう必要がある。放送でも CATV や衛
星放送では一部有料のコンテンツも存在している。一方で，地上波のテレビ放
送であれば原則無償である。また，ネットコンテンツやスマートフォン向けの
アプリやゲームなどは，部分的に無償など，さまざまな戦略を取ることができ
る。コンテンツの特性に合わせて適したメディア戦略を取ることが，製作（制
作）したコンテンツを最大限に生かすうえで重要になる。

もっと知りたい❗ → 「メディア学大系」**3** 巻をご覧ください。

メディア学

映像制作

アニメーション

ゲーム

シミュレーション

視覚情報デザイン

コンピュータ
グラフィックス

音声音響

23

アニメーション

● 執筆者：三上浩司

制作工程

コンテンツ制作には大きくプレ（プリ）プロダクション，プロダクション，ポストプロダクションの三つの工程がある。実写やアニメ，CG でそれぞれ微妙に異なるが，基本概念は同じである。

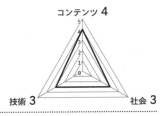

関連キーワード　プレプロダクション，プロダクション，ポストプロダクション，工程管理システム，プロダクションパイプライン

　映像コンテンツ制作では，使用する技術によって多少異なるものの，図のように共通する部分も多く，三つの段階が存在する。プレプロダクション段階は，制作するコンテンツの仕様を確定する準備段階である。プロダクション段階では仕様に沿って，実際に動画像を撮影したり生成したりする実行段階である。ポストプロダクション段階は，撮影，生成した素材を加工，編集して，ターゲットとなるメディアの仕様に合わせた映像を生成する活用段階である。

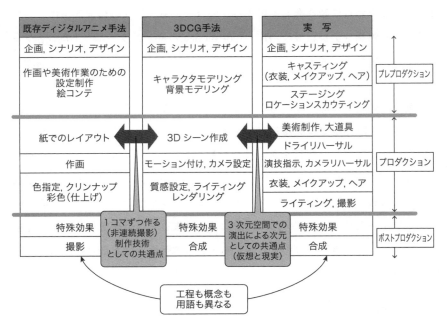

図　アニメ，3DCG，実写の制作工程の共通点と相違点の例

プレプロダクション段階では，企画書の作成，シナリオの作成，各種のデザインなどが共通で行われる。これに加えて，アニメなら詳細な設定資料に絵コンテの制作を行う。また，CGではさらにキャラクターや背景のモデル制作，アニマティクスと呼ばれるラフな動画コンテの作成を行う。実写の場合はがらりと異なり，作品に出演する俳優陣のキャスティングや，スタジオやロケ地を探す作業がある。また，撮影のために香盤表と呼ばれる資料を制作する。

プロダクション段階では，プレプロダクションで計画した内容に沿って実際に制作する。アニメの場合は，レイアウトからキャラクター素材（原画，動画，仕上げ）と背景素材の制作が並行して行われる。CGの場合は，シーンに必要なアニメーションデータ生成やMOCAPの収録，カメラの設定やライティングや質感設定などが行われる。実写の場合は，俳優の衣装やヘアメイク，大道具，小道具を準備し，カメラや照明，録音のテストを行い，準備が整えば撮影する。

ポストプロダクション段階では，それまでの段階で制作した素材を，最終映像として仕上げる。アニメでは素材を重ね合わせて撮影（合成）をする。特殊効果やエフェクトはこの段階で作成するほか，プロダクション段階で制作することもある。CG制作の場合でも，キャラクターや背景，エフェクトな成分ごとに画像を生成することが多く，それらの素材を合成する。実写の作品でもCGを利用する作品は多く存在する。実写の素材にCGの素材をなじむように合成させる作業を行う。これらの作業が終われば，編集段階で映像をつなぎ，別で作成した音声素材（音楽，せりふ，SE）を加えて最終的な映像を作り上げる。

映像制作にはさまざまなスタッフが携わり，膨大なショットを多くの工程を経て完成に至る。そのため，制作の管理は重要である。アニメではカット袋をもとに進行表を作成したり，CGや実写でも進行表を作成することが多い。実写の撮影の場合は，撮影日のために用意する香盤表も重要な制作管理のツールである。近年はこれらの仕組みを制作管理システムとして整備する取組みが増えている。特にディジタル素材を扱うCG制作や実写のポストプロダクションでは「パイプライン」というシステムが重視されている。これは制作に必要な素材を一括管理して，制作者がサーバー内にある必要な素材に的確にアクセスして作業し，その結果も管理する一連の考え方である。今後はこうした管理手法が映像制作においても広く浸透すると考えられている。

もっと知りたい❗ ➡ 「メディア学大系」**3巻**をご覧ください。

アニメーション

● 執筆者：三上浩司

シナリオライティング

シナリオは時間軸を明確に持つ映像コンテンツにとって，はじめて時間軸を設計する工程で，きわめて重要である。筋立てをシーンに分けて描写することで，映像作品の設計を行う。

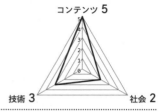

関連キーワード 筋立て（ストーリー），描写（テリング），プロット，ドラマカーブ，フェイズ，ミッドポイント，マルチプルソリューション，リマインダー，シナリオエンジン

映像コンテンツは基本的に制作した映像の持つ時間軸はそのまま視聴者に提供される。そのためシナリオによる時間軸の設計はきわめて重要である。シナリオには「筋立て（ストーリー）」と「描写（テリング）」の二つの側面がある（図1）。

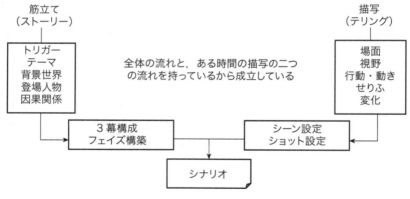

図1　筋立てと描写

筋立ては作品の全体の流れである。作品のなかで起きる出来事のきっかけとなるトリガーや，その作品で伝えたいテーマ，背景世界や登場人物とその因果関係などを，3幕構成（発端，展開，結末）によって設計する。3幕構成はさらに13のフェイズ（変化）を設定し，作品が単調にならないように時間設計をする。これらを検討する段階では，プロットと呼ばれる作品中の出来事を記載するドキュメントによって設計する。

描写では，ストーリーに書かれた出来事を具体的な場面，登場人物の視野や行動・動きに加え，せりふを用いて描写する。ストーリーの展開に必要なものを描写することが重要であり，そのためシーンを通じてストーリーにはなんらかの形で変化がある。これらの描写をシーン単位で行い，シーン設定やショットにかかわる基本的な設定を行う。

　シナリオ作成では，作品の背景世界が持つバックストーリー，主要人物のメインストーリー，ほかの登場人物のサブストーリー，作品の特徴を伝えるためのエピソードなどの筋立てをシーンとして描写していく。このとき，視聴者を飽きさせないようにするため，作品における主人公らの状況に変化を与えるドラマカーブという感情曲線の設計が重要である。特に作品の中盤で展開ががらりと変わるミッドポイントと，作品中のさまざまな問題や疑問を解決するマルチプルソリューションはきわめて重要である。また作品を印象付けるために可能な限り作品のリマインダーとなる要素をふんだんに盛り込む（図2）。現在はこうしたシナリオ制作を段階的に支援するシステムとしてシナリオエンジンが開発され，シナリオ制作支援のために研究と改良が続けられている。

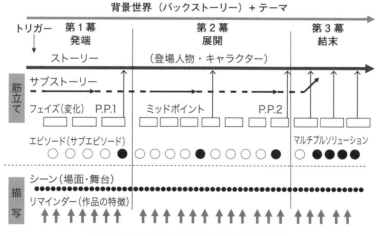

図2　シナリオの時間軸と構成要素の例

もっと知りたい❗ → 「メディア学大系」3巻をご覧ください。

アニメーション

キャラクターメイキングプロセス

●執筆者：近藤邦雄

キャラクターメイキングとは，それ自身が性格を持ち，ストーリーを伝えることができるキャラクターを考案，デザインし，それらを効率的に運用するプロセスの総称である。

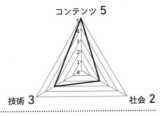

関連キーワード　キャラクターメイキング，DREAMプロセス，リテラル資料，ビジュアル資料，シナリオ，キャラクター，演出，キャラクター配色

　ここで述べるキャラクターメイキングのDREAMプロセスには，ディベロッピング，レンダリング，エクスプロイティング，アクティベーション，マネージメントの五つの工程がある。これらから分かるようにキャラクター制作には，ストーリー，プロット，エピソード，キャラクター設定，キャラクターの描写，そして流通の利便性を考慮したデータ管理まで考えることが必要である。

　映像コンテンツにおけるキャラクターはある世界観のなかに生きる存在であ

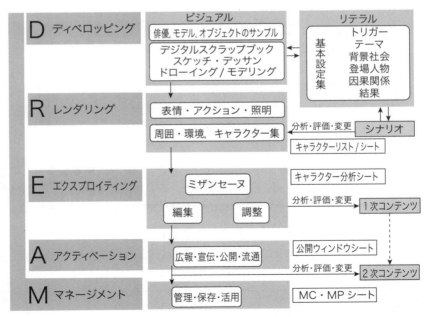

図1　DREAMプロセスの全体像

るので，ただ絵を描いただけではキャラクターとはいえない。そこで図1に示すようなキャラクターメイキング工程DREAMに基づいてキャラクターの「内容」と「外見」を作成し，「印象」を作り上げることが必要である。

　ディベロッピング段階では，プロデューサーやディレクターがストーリーやプロットからキャラクターの外見や行動を文章化してリテラル資料を作成する。そしてプロデューサーがデザイナーにキャラクターイメージを伝え，キャラクターデザイナーがリテラル資料に基づいてスケッチやデザインをしながら，キャラクターデザイン原案であるビジュアル資料を作成する。図2はこの段階で活用する配色スクラップブックであるデータベースを利用したキャラクター配色デザイン支援の事例である。つぎに，レンダリング段階では，ビジュアル資料をもとに制作したキャラクターモデルを用いたキャラクター表情集やキャラクターアクション集の制作や照明・カラーリスト，キャラクターリストを設定する。このようなデザイン作業により，キャラクターの個性化を行い，映像コンテンツに登場するキャラクターを生み出す。

図2　キャラクター配色スクラップブックを利用したデザイン支援例

　エクスプロイティング段階では，制作してきたビジュアル要素をもとに演出作業であるカメラワークやライティング処理などを行い，1次コンテンツの公開を行う。アクティベーション段階では，広報，宣伝を行い，流通をよくすることと同時に2次コンテンツである続編やキャラクター商品の開発を行う。マネージメント段階はすべての段階に関係しており，制作情報の管理保守を行い，効率よく制作するための支援を行う。

もっと知りたい！　→　「メディア学大系」3巻，15巻をご覧ください。

アニメーション

● 執筆者：近藤邦雄

キャラクターメイキング技術

キャラクターメイキング技術には，キャラクターを形作る3次元モデリング，コラージュ法，形状変形法，動きを作るためのキーフレーム法，モーションキャプチャ，フェイシャルキャプチャ，動きの誇張表現のためのモーションフィルター，キャラクターの演出のためのライティングスクラップブックなどがある。

関連キーワード　3次元モデリング，コラージュ法，形状変形法，キーフレーム法，モーションキャプチャ，モーションフィルター，ライティングスクラップブック

　3次元モデルを作るために，3次元CGソフトや3次元スキャナ装置を利用する。CGソフトによる3次元キャラクターモデルは，多面体，ポリゴン，細分割曲面，ベジェ曲面などを用いて制作する。また3次元スキャナを用いれば，人物を計測してスポーツゲームなどのリアルなキャラクターを制作することができる。

　映像コンテンツに登場する3次元キャラクターモデルを制作するためには，シナリオと設定資料に従ってキャラクターデザイン原案の制作を行う。このデザインのために，キャラクターのパーツを配置・合成するコラージュ法や体形シルエットやモデルを変形する手法がある。この方法を用いて制作したキャラクターを活き活きと動かすために，骨格を指定してポーズや動きをつける。図1にデザイン原案のためのシルエット，3次元パーツのコラージュによるロボットのポーズ検討，デフォルメキャラクター原案を示す。

　アニメーションは，画像を連続的に表示した動画であり，これによりキャラ

(a) 2次元シルエット

(b) 3次元パーツコラージュ

(c) デフォルメキャラクター

図1　キャラクターデザイン原案の制作

クターの活き活きとした動きを表現できる。動きの生成には，キャラクターに対してキーフレームを設定し動きを指定する方法，モーションキャプチャを利用する手法がある。キーフレーム法は二つのキーとなる図形の間を線形補間することによりその間の図形を求める方法である。一方，モーションキャプチャ（図2）やフェイシャルキャプチャで計測した人の動きや顔の表情データを用いたリアルな動きは，CGアニメーションやゲームで活用されている。

 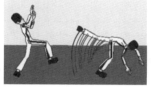 

図2　モーションキャプチャ　　図3　動きの誇張表現　　図4　ライティング効果

　また，表現するシーンを強調するために非現実的な誇張表現が使われる。この誇張表現には，過去のアニメーションを参考にした表現，形状変形による動作誇張表現，動き表現のためのカトゥーンブラーなどがある。さらにモーションキャプチャの動きに対して強調表現の効果を加え，新たな動きを生成するモーションフィルター手法がある（図3）。このモーションフィルターを通して出力された動きは，現実の動きと比べて，スピード感や感情表現が強調された動きとなり，アンティシペーション，フォロースルーが表現できる。

　映像コンテンツにおける照明（ライティング）は，シーンにおいて，キャラクターの印象を決めるための大切な要素である（図4）。過去の作品のライティング情報をまとめた検索可能なライティングスクラップブックは，キャラクターの感情を表現するために欠かせないものである。

● ディズニーアニメの極意　　　　　　　　　　　　　　　　　Column

　ディズニーのアニメーション制作を学ぶには，1981年にフランク・トーマスらによって執筆された『生命を吹き込む魔法：ディズニーアニメーション（The Illusion of Life：Disney Animation）』が参考になる。キャラクターに命を吹き込むアニメーションの12の基本法則（12 Principles of Animation）のビデオも公開されているので，それらをよく理解すればアニメーションの基礎的な誇張表現ができる。

もっと知りたい❶ → 「メディア学大系」3巻，15巻をご覧ください。

ゲーム

●執筆者：三上浩司

ゲームは「遊び」の範疇に属する，明確なルールを持った競技（ルドゥス）である。アナログのカードゲームやボードゲームから，ビデオゲーム，近年では現実世界と密接に関係したゲームも存在している。

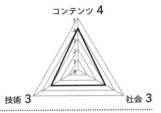

関連キーワード ludology（ルードロジー），ボードゲーム，アーケードゲーム，コンシューマーゲーム，PCゲーム，ソーシャルゲーム，モバイルゲーム

　ゲームという名前から，いわゆる家庭用ゲーム機やスマートフォンのゲームを想像する人は多い。ゲームという用語を学術的に捉えると，ルードロジー（ludology）という言葉に行きつく。ゲームとは明確なルールを持った競技であり，さまざまな研究などが存在する。

　ゲームについての概念的な話はメディア学大系の2巻『CGとゲームの技術』を参考にしてほしい。ここでは，さまざまなゲームの形態について紹介していきたい。

　図1に示すように一般的に，ボードゲームやカードゲームなどのアナログゲームと，コンピュータを利用したビデオゲームに分類して議論することが多い。しかし，ゲームはつねに進化する分野であり，それぞれの領域もつねに進化しており，領域を超えるような事例がたくさん出てきている。

　カードゲームやボードゲームはビデオゲーム技術が生まれる以前から存在し

	アナログゲーム	ビデオゲーム（ディジタルゲーム）
オフライン	カードゲーム ボードゲーム	コンシューマーゲーム アーケードゲーム PCゲーム
オンライン		オンラインゲーム ソーシャルゲーム

図1　ゲームの分類

ているゲームである。これらのゲームの多くはビデオゲームでも再現され，近年ではソーシャルゲームにも多く登場している。

コンシューマーゲームは家庭用ビデオゲームともいわれ，1983年の任天堂『ファミリーコンピュータ』の登場から日本国内で最も親しまれてきたゲームの形態でもある。現在ではネットワークに対応したゲームが多く存在している。

PCゲームはPC上で動作するゲームのことである。海外には，コンシューマーゲームよりもPCゲームが普及発達してきた地域もある。インターネットの普及にともない，いち早くネットワークに対応しオンラインゲームが生まれた。

アーケードゲームはアミューズメント施設などに専用の筐体(きょうたい)を準備し，提供するゲームである。コンシューマーゲームやPCゲームと比較して，独自のシステムを導入することができるため，高品質なゲーム体験を提供することができる。施設内や拠点間などと通信する機能を有しているものも多く，アナログカードゲームなどと連動したものもある。

ソーシャルゲームはSNSやスマートフォンの普及にともない登場したゲームスタイルで，ネットワーク上のほかのユーザーと競ったり協力したりしてプレイするゲームである。モバイルゲームは，スマートフォンやタブレットでプレイできるゲームのことで，ほかのユーザーとの連携の有無がソーシャルゲームとの違いである。

近年では『Pokémon GO』に代表されるように，携帯端末のGPS機能やカメラを利用して現実世界とゲームの世界を連動させたゲームなども登場している（図2）。

図2　現実世界と連動させたゲームの例

もっと知りたい(!) ➡ 「メディア学大系」2巻をご覧ください。

ゲーム

ゲーム

● 執筆者：三上浩司

ゲームの進化と産業

ゲームの進化を担う重要な要因は，ハードウェアなどに代表される技術的な側面と，ゲームそのものやサービスなどのコンテンツの側面がある。こうした技術の進化とコンテンツの進化，それにともなう産業の変化について述べる。

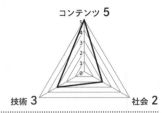

関連キーワード　ゲームの進化，アーケードゲーム，家庭用ゲーム，携帯ゲーム，プラットフォームベンダー，パブリッシャー，デベロッパー，インディーズ

ゲームは1970年代の『スペースインベーダー』によるアーケードゲームのブームにより，エンタテインメントとして多くの人が自由に触れることができるようになった。アーケードゲームは専用の機器を拠点に設置しサービスすることから，高度な表現が可能であり，現在ではVR技術を活用した体験型のゲームが発展してきている。

1983年には任天堂から『ファミリーコンピュータ』が発売され，現在に至るまで家庭用ゲーム機は，エンタテインメントの中心的な存在となっている。1994年に3DCG技術を利用可能にしたハードウェアが生まれ，2005年にはHD化してきている。現在では4K（横3940縦2160ピクセルの高解像度映像）やHDR（多重露光による広い輝度領域表現）に対応するなど進化を続けている。

インタフェースにおいても，当初はボタンを中心としたコントローラ操作が主体であったが，加速度センサ（任天堂『Wii』など）を用いたり，画像認識を用いて身体動作を利用（Microsoft『Kinect』など）するなど多様化してきた。

家庭用ゲーム機のなかでも携帯可能なゲーム機が登場し，当初はおもに低年齢層を中心に普及した。その後，2004年に登場した『ニンテンドーDS』は，高齢者を含めこれまでゲームをやっていなかった層にまで広まった。

2007年にiPhone，2008年にAndroidを採用したスマートフォンが発売され，アプリとしてゲームが数多く開発された。その後普及を続け2012年ごろ，大ヒットゲームの『パズル&ドラゴンズ』の登場や，家庭用ゲームの開発会社が参入し，家庭用ゲーム機をしのぐ産業規模となった。ゲーム専用のハードウェアが必要な家庭用ゲーム機に比べ，すでにコミュニケーションツールとして多くの人が所有するスマートフォンはゲームのプラットフォームとして適してい

た。

　現在のゲームの多くは，アーケードゲームや一部のゲームを除き，プラットフォームと呼ばれるハードウェアやオペレーティングシステム（OS）と対応したソフトウェアの構成によって成り立っている。

　図にゲーム業界の産業構造を示す。プラットフォームベンダーは，専用のゲーム機や携帯端末の OS を開発提供したり，決済手段を提供している。

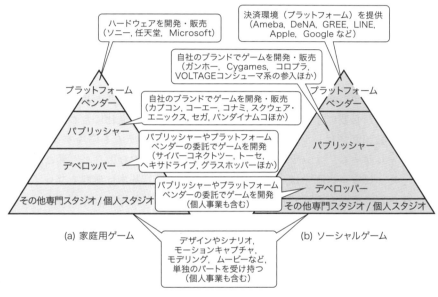

図　ゲーム業界の産業構造

　パブリッシャーはプラットフォーム上で動作するゲームやアプリケーションを開発する。自社で企画し，開発資金を調達したうえで開発し，完成したゲームを宣伝広報して販売する。自社で開発する場合とデベロッパーや専門のスタジオに開発を委託する場合がある。デベロッパーや専門スタジオはパブリッシャーなどの依頼を受けてゲームの開発を実施する。

　近年ではゲームエンジンの発展と普及が進み，個人でも高品位なゲーム開発を行うことができる環境が整ってきた。そのため，個人や小さな組織でゲームを開発する「インディーズゲーム」にも注目が集まってきている。

もっと知りたい(!) ➡「メディア学大系」2巻をご覧ください。

ゲーム

ゲーム企画と制作プロセス

●執筆者：三上浩司

ゲーム開発は総合芸術，総合技術と呼ばれている。文系，理系，芸術系のさまざまな要素が絡み合うことで，質の高いゲームが完成する。近年は，ソーシャルゲームやオンライン対応など，完成してからの運用も重要になっている。

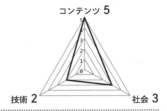

関連キーワード UI，UX，レベルデザイン，難易度調整，ゲームグラフィックス，ゲームサウンド，エフェクト（ビジュアル，サウンド），quality assurance（QA），運用（イベント，プロモーション）

図1に示すように，ゲームを開発し，ユーザーに提供するためにはさまざまな要素技術が必要になる。そして，その要素はゲームの進化に合わせて増加している。技術面では，センサやカメラなどの入力システムを応用する技術や，ソーシャルゲーム，オンライン対戦などのネットワーク技術などが新たに必要になった。ビジネス面では，ソーシャルゲームでは，基本は無料でプレイができ，ゲーム内で課金をしてもらうfree to play（F2P）と呼ばれるビジネスモデルが多く採用されている。イベントや新たなシナリオ，ステージの追加といった運用も重視されるようになった。家庭用ゲーム機でもダウンロードコンテンツ（DLC）を提供するなど運用は重視されている。さらに，海外への展開も重

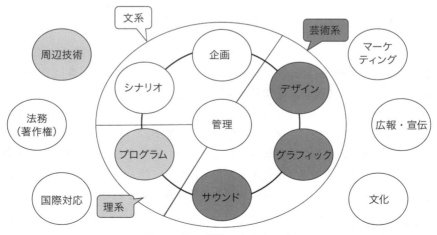

図1　ゲーム開発に必要な要素

要視されているため，海外の文化や風習の理解，対象国の法規制への対応なども必要になっている。

　こうした制作を進めるうえで重要なのが，ゲームの企画である。ゲームの企画には新規性と同時に通俗性（既視感）が大切である。目新しさだけでなく，これまでのゲームの概念とどこか通じるところを大事にする必要がある。ゲーム企画ではゲーム開発技術の革新や，取り巻く環境を分析して，ユーザーを楽しませることができる企画を考える。ゲーム企画は詳細にわたるため，まず紙一枚にコンセプトをまとめる「ペラ企画」を作成することが増えている。

　企画として採択されたゲームは，さらに細部まで仕様を煮詰めた仕様書を作成する。ゲーム内のキャラクターの動作方法や情報提示などを検討するユーザーインタフェイス（UI）やユーザーエクスペリエンス（UX）の仕様も検討する。また，ゲームのステージ，キャラクターや障害物，イベントなどの配置を行う作業をレベルデザインと呼ぶ。この過程では，適切な難易度になるように難易度調整も行う。ゲームの仕様やデザインが固まれば，必要なゲームグラフィック素材やサウンド素材を制作する。ゲームはほかのコンテンツにはないユーザーのインタラクションをともなうため，ゲーム内の事象のエフェクト（ビジュアル，サウンド）も重要になる。こうして生成された素材はプログラムで統合され，プレイ可能になる。これらをプロトタイプ版，α版，β版などいくつかの段階ごとに反復開発し最終版となる。開発したゲームはQA（テスト）を経て，完成に至るが，まだ終わりではない。その後，長くユーザーにプレイしてもらうようにさまざまなイベントやプロモーションなどの運用がスタートする（図2）。近年では5年以上もランキング上位に居続けるゲームが存在するが，それらは運用による賜物でもある。

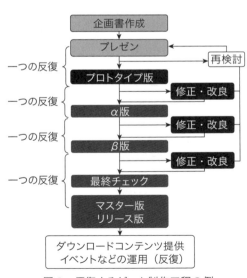

図2　反復するゲーム制作工程の例

もっと知りたい！ → 「メディア学大系」**2巻**をご覧ください。

ゲーム

ゲームエンジン

● 執筆者：渡辺大地

ゲームエンジンとは，おもにコンピュータゲームの開発に必要なさまざまな技術の実装を代行し，効率化するためのソフトウェアの総称であるが，その形態にはさまざまなものがある。

コンテンツ 4
技術 4
社会 2

関連キーワード リアルタイム・グラフィックス，OpenGL，DirectX，物理シミュレーション，ソフトウェア，アプリケーション，ライブラリ，開発環境，プログラミング言語，プログラミング，C，C++，C#，統合開発環境

「ゲームエンジン」を端的に述べると，ゲーム開発を効率化するためのソフトウェアのことである。

1990年代ごろまでのゲーム開発は，ゲーム実行用プラットフォームで用意されているAPI（application programming interface）を利用し，各ゲーム固有のソースコードを記述していくことで無から開発していくことが主流であった。その際，各ゲーム中の主要な処理を行うモジュールを「ゲームエンジン」と呼ぶようになったことが，この単語の起源である。

その後，ゲーム開発企業はさまざまなゲームを開発するうえで共通に利用できるモジュールを，ライブラリやフレームワークといった形式でまとめ，開発の効率化をはかるようになった。2000年代はこのような開発体制が主流であり，各社が特徴を持ったゲームエンジンを，タイトルコンテンツとは別に開発を進めることが多かった。ゲームエンジンは各企業の技術の集合体であり，ゲームエンジンの品質を向上することが重要視されていったが，汎用的なゲームエンジンの開発は非常に高度な技術力を必要とするため，一部の有力企業以外は他社が作成したゲームエンジンを使用するという潮流も起こった。

そのような状況下で，ゲームエンジン自体の販売を行う企業も出現するようになった。2000年代前半では「Renderware」と呼ばれるゲームエンジンが大きなシェアを持つようになったが，2010年ごろからは「Unity」（当初は「Unity3D」という名称であった）と呼ばれるゲームエンジンが普及するようになった。

Unity はこれまでのゲームエンジンがおもにライブラリという形態であったのに対し，シーンのモデリングやパラメータ調整を支援する統合開発環境という形態であったことが特徴である。また，最初からある程度高度なレンダリング技術や物理エンジンなども備えている。このようなことから，汎用的な機能の実装であれば従来のように高度なプログラミング技術を必要としなくなった。また，Unity はスマートフォン上で動作する OS である iOS と Android での実行をサポートしており，スマートフォン上のアプリケーションを容易に作成する技術としても浸透し，広く普及した。Unity の設計上の特徴は，「Mono」という NET Framework 互換のコンポーネントを利用しており，C# や JavaScript といった現代的なプログラミング言語をスクリプトに利用できることである。

　Unity のほかにも，現在広く使われているゲームエンジンとして「Unreal Engine」がある。Unreal Engine はもともと「Unreal」というゲームの内部エンジンとして設計されたものを汎用化したものである。そのため，しばらくは Unreal ゲームと同様のファーストパーソン・シューティングゲームに特化した設計となっていたが，最新版である Unreal Engine 4 では多様なゲームの開発に適した設計となっている。また，Unity が Mono ランタイムエンジン上ですべての動作を制御する設計となっているのに対し，Unreal Engine 4 は C++ プログラムとリンクして利用するという，旧来のライブラリ形態も念頭においており，これまで C++ をおもに利用していた開発者に多く採用されている。また，高度なレンダリング機能を持つことも特徴である。その反面，スマートフォンなどへの対応は Unity と比べるとやや劣っている。

　上記の二つがゲームエンジンとして有名であるが，広義には特定のゲームジャンルに特化した制作ツールもゲームエンジンに含まれることがある。その範疇で有名なものに，ロールプレイングゲームに特化した「RPG ツクール」や，キャラクター画像をアニメーション処理することに特化したシステムである「Live2D」などがある。

──────────────────────────────

もっと知りたい❶ ➡ 「メディア学大系」**2巻**をご覧ください。

ゲーム

リアルタイムグラフィックス

●執筆者：渡辺大地

リアルタイムグラフィックスとは，動的に映像を生成するための技術の総称である。

おもな応用用途はゲームであるが，シミュレーターや大規模データの可視化など，さまざまな分野で利用されている。

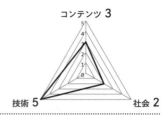

関連キーワード　アニメーション，トゥーンシェイディング，OpenGL，DirectX，ゲームエンジン，物理シミュレーション，数値解析，レンダリング，シェーディング，ハードウェア

CGにおいて，プログラムやソフトウェア内に格納されている情報から，実際に描画を行う処理を「レンダリング」と呼ぶ。このレンダリングの実現方法は，大きく「プリレンダリング」と「リアルタイムレンダリング」に分かれる。「プリレンダリング」は，おもにCPUが演算処理を行い，長時間をかけて高精細な画像を生成する技術の総称である。一方「リアルタイムレンダリング」では，おもにGPUが演算処理を行い，高速に画像を描画する技術のことである。ゲームや運転シミュレーターなどでは，使用者の操作に即座にアプリケーション側が対応し，その状況に即した画像を描画する必要があるため，プリレンダリングのように高精細な画像を生成する方法では描画が間に合わないため，リアルタイムレンダリングの技術は分離して発展した。リアルタイムレンダリングを用いたCG技術やコンテンツを総じて「リアルタイムグラフィックス」（以下「RG」）と呼ぶ。

アニメーションにおいて，1秒間に切り替わる画像枚数の単位をFPS（frame per second）と呼ぶが，RGにおいての最低基準は30FPS，推奨値は60FPSといわれている。この描画速度を実現することが前提となるため，プリレンダリングで用いられる理論や技法がそのまま利用できるとは限らない。典型的な例として，プリレンダリングでは「光線追跡法（レイトレーシング法）」と呼ばれる技術がレンダリングの基本となっているが，これは高精細な画像が得られる反面，計算処理に時間がかかるため，RGでこの手法を利用することはほとんどない。

RG 技術を実現する大きな要素は GPU（graphics processing unit）の存在である。3 次元世界の描画処理では莫大な計算量を必要とするが，その処理自体は非常に単純なものであるケースが多い。しかしながら，汎用的な CPU は「多数の単純な処理」よりも「単一だが高度な処理」に最適化されており，CPU を使った描画処理は無駄が多い。そこで，一つ一つの性能は劣るものの，多くのコアによって構成される演算ユニットのほうが 3 次元描画処理を行う際には効率がよい。これを念頭において GPU は作られている。2017 年現在，一般的な PC に搭載されている CPU の標準的なコア数がせいぜい十数個であるのに対し，GPU のコア数は少なくとも数百，ハイエンドなものであれば 3 千程度となることからも，設計思想がまったく異なることがわかる。

アプリケーション制作者が RG 技術を適用するには，プラットフォーム側が提供する専用のライブラリを利用する必要がある。RG 用のライブラリとして有名なものとして，OpenGL と Direct3D がある。OpenGL はプラットフォームに非依存となるよう設計されており，実際多くの OS 上で利用できる。一方 Direct3D は Microsoft が単独で設計や開発を行っており，実行できる環境はWindows や Xbox など Microsoft が提供するプラットフォームに限られる。

GPU に最初から搭載されているレンダリングアルゴリズムは「固定シェーダー」と呼ばれる。それに対し，開発者が GPU 内のレンダリングアルゴリズムを自由に変更できる仕組みが 2000 年ごろより一般的となり，これを「プログラマブルシェーダー」と呼ぶ。近年の RG はいかにシェーダー側で処理を行うかが重要なポイントとなっている。

また，プログラマブルシェーダーにより，GPU の持つ演算ユニットを 3 次元描画処理だけではなくほかの汎用的な演算に利用することも可能となり，さまざまな分野で応用が進んでいる。これを「GPGPU（general purpose on GPU）」と呼ぶ。GPGPU は，気候シミュレーションや分子運動解析などの科学技術分野で大きく発展に寄与している一方で，動画エンコーディングといった一般的な PC ユーザーが扱うソフトウェアでも応用が進んでいる。

もっと知りたい(!) ➡ 「メディア学大系」**2 巻**をご覧ください。

メディア学

映像制作

アニメーション

ゲーム

シミュレーション

視覚情報デザイン

コンピュータグラフィックス

音声音響

ゲーム

ゲームAI

●執筆者：渡辺大地

ゲームAIとは，コンピュータゲームにおける人間，動物，ロボットなどの知的な存在のことである。また，そのような知性を実現するための理論や技術を指すこともある。

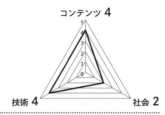

コンテンツ 4
技術 4
社会 2

関連キーワード　ゲームエンジン，キャラクターAI，メタAI，ナビゲーションAI，有限状態遷移機械，群集シミュレーション

「AI」はArtificial Intelligenceの略で，日本語では「人工知能」と呼ばれる。AIは近年その意味が多様な意味で解釈されるようになってきている単語であるが，コンピュータゲームにおけるAIは，ゲーム中の知的な存在（人間や動物，あるいはロボットや乗り物など）が，知能を持っているかのように振る舞うようにするための理論や技術という意味を指すことが多い。

AIは，大きく分類すると「特化型」と「汎用型」に分かれる。特化型AIとは，特定の機能を遂行するAIのことである。多くの場合，特化型でAIと呼ばれる所以は達成する機能よりも，内部実装として人間の思考モデルを利用したニューラルネットワークや，生物進化の過程を取り入れた遺伝的アルゴリズムなど，生物由来の技術を用いていることによる。もう一方の「汎用型」は，特定の機能や作業に限定せず，人間や動物と同様の思考機能を持ち合わせ，問題を解決するタイプのAIのことである。ゲームAIは，細分化したモジュール単位では「特化型」といえなくもないが，本質的には「汎用型」のAIである。現在汎用型AIが実用されているのは，実質的にはロボット工学とゲームAIだけである。

AIは「特化型」と「汎用型」のほか，「強いAI」と「弱いAI」という分類もよく用いられる。この分類を最初に提唱したJohn Searleによると，「強いAI」は人間の脳や神経の構造をシミュレートし，人間の脳機能と同等の推論と問題解決が行えることを目標とするAIのことである。一方「弱いAI」は，内部の

構造によらず，結果として人間が行う知的処理の一部ができることを目的とするAIである。ゲームAIの，ことさらキャラクターAIの究極的な目標は「強いAI」の実現であるが，現時点でのゲームAIは「弱いAIの集合により，汎用型を実現している」というのが実情である。

ゲームAIの初期のものの代表としては，1980年に発表された『パックマン』による敵モンスターアルゴリズムが挙げられる。その後，ゲームAIは特に1990年代後半よりゲーム制作全体の大規模化や構造化にともない，大きく「キャラクターAI」，「メタAI」，「ナビゲーションAI」の3種類に分化することとなった。個別の説明については各項目にて詳細に述べる。

ゲームAIは，「現状の判断」や「タスクの解決」という点においては著しい発展を遂げているが，その一方で「学習」や「推論」といった領域ではまだ課題は多い。そもそも，現時点の「学習」に関する理論は，人間と同等の効率で学習ができるような理論はまだなく，実質的には膨大な過程や入力を経て実現するものであり，ゲーム自体への応用は難しいという事情がある。今後，これらの理論の発展により，ゲーム中のキャラクターが徐々に学習する機能も実装されていくことが期待される。

● 人工知能 vs 人間　　　　　　　　　　　　　Column

　特化型AIの代表的な例として，チェスや将棋などのボードゲームのAIがある。20世紀中における人工知能の研究は，大きく「自然言語の理解」とこの「厳格なルールに基づくゲーム」の二つであった。

　ボードゲームの世界で，人間の世界チャンピオンにAIが最初に勝ったのは，1994年に「チェッカー」というゲームにおいてであった。続く1998年，今度はチェスの世界チャンピオンがIBMのスーパーコンピューター「ディープブルー」に敗北してしまう。そして2016年，長らく人間が優勢だと考えられていた囲碁において，Googleの「AlphaGo」が中国や韓国のチャンピオンに続々と勝利し，一躍話題となった。AlphaGoには「ディープラーニング」というニューラルネットワーク技術が用いられており，一躍ディープラーニングのブームが巻き起こっている。

　ディープラーニングによって，これまで困難だった課題や問題が続々と解決されてきており，現在最も注目を集めている理論であるといえるだろう。

もっと知りたい ➡「メディア学大系」**2巻**をご覧ください。

ゲーム

キャラクター AI

●執筆者：渡辺大地

キャラクター AI とは，ゲーム中で各キャラクターの振舞いを制御するための AI である。

おもにゲーム中の敵キャラクター動作を決定するための AI で，数多くの手法が提案されている。

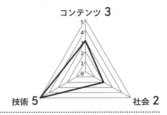

関連キーワード　アクション，キャラクター，レベルデザイン，ゲームエンジン，ゲーム AI，メタ AI，ナビゲーション AI，有限状態遷移機械，群集シミュレーション，アフォーダンス

近年のゲーム AI は，大きく「キャラクター AI」，「メタ AI」，「ナビゲーション AI」にモジュールが分化することが多い。そのなかでキャラクター AI は，ゲーム中に登場する人物・動物などの知性を持つ存在が起こす振舞いを決定するための AI である。

ゲーム中でプレイヤーが操作するキャラクターを「プレイヤーキャラクター」と呼び，それ以外の人工知能が駆動するキャラクターを「ノンプレイヤーキャラクター（NPC：non-player character）」と呼ぶ。キャラクター AI は，NPC の振舞いを制御するものといえる。

個性を持つゲーム AI の初期の事例として，1980 年に発表された『パックマン』におけるモンスターの挙動決定アルゴリズムがある。その後，コンピュータの性能向上とともにビデオゲームの表現力は飛躍的に高まり，さまざまな個性を持つキャラクターが多様な行動を取ることを可能とした。ゲーム AI のモジュールは複雑化していき，しだいに「キャラクター AI」，「メタ AI」，「ナビゲーション AI」に分化することになった。キャラクター AI は NPC の振舞いの決定に直結することから，多くのゲーム開発者にとって関心の高い分野であり，さまざまな手法が提案されている。

キャラクター AI を実現する手法としてよく用いられるものに，「有限状態遷移機械（FSM：finite state machine）」がある。この手法はコンピュータが実用化される前から理論が提唱されていたものであり，人工知能を実現する最も

基本的なものである。しかしながら，現在の大規模なキャラクター AI 仕様を実現しようとすると，遷移条件の記述量が莫大なものとなってしまうという問題がある。そのため，近年では「ビヘイビアベース AI」と呼ばれる，木構造を利用して遷移条件を把握しやすくする手法がよく用いられるようになった。

　旧来のキャラクター AI は，現瞬間において状況を分析し，反射的に行動を決定するという方針が多いが，このような AI では複数の行為によって目的を達成するような，長期的行動を実現することが困難である。これを解決するための手法として，「タスクベース AI」や「ゴールベース AI」がある。

　タスクベース AI では，まずキャラクターの行動単位を「タスク」として記述する。この「タスク」はかなり抽象的な目標となるものから，具体的な動作を指すものまでさまざまなものがあり，ある上位タスクを実現するために，より下位タスクを組み合わせて実現するといった構造を持つ。これは，タスクベース AI の状態遷移マシンに対し，複数の連続するタスク群に対して一括に扱えるように拡張を施したものといえる。この拡張により，ゴールベース AI は，タスクベース AI よりも状態遷移関係をよりシンプルなものに置き換えることができるという利点がある。

　ゴールベース AI は，まずゴールを決定し，それを達成するプロセスを算出するというアプローチによる AI である。ゲームにおけるゴールベース AI として提案されているものに「ゴール指向型アクションプランニング（GOAP：goal-oriented action planning）」と「階層型ゴール指向プランニング（hierarchical goal-oriented planning）」がある。GOAP は，各アクションを「前提」，「実際の行為」，「効果」の三つで表現して記述するというもので，ゴールの状態を指す「効果」を持つアクションを探索し，つぎのそのアクションの「前提」の状態をもたらす「効果」を持つアクションを探索し…という探索を繰り返していく手法である。階層型は，手法としてはタスクベースと類似した方法である。タスクベースが「行動」を実現することを目的とするのに対し，ゴールベースは「状態」を実現することを目的とするという違いはあるが，実質的にはほぼ同様の処理を行うことになる。

もっと知りたい❗ ➡ 「メディア学大系」**2**巻をご覧ください。

ゲーム

メタ AI

●執筆者：渡辺大地

メタ AI とは，ゲーム状態をリアルタイムに監視し，コンテンツに関する調整や変化を行うための AI のことである。

キャラクター AI が，ゲーム中の各キャラクターを制御するのに対し，メタ AI はゲーム全体の調整を担当する。

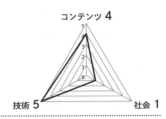

関連キーワード レベルデザイン，難易度調整，ゲーム AI，キャラクター AI，ナビゲーション AI

コンピュータゲームは，古くからさまざまな AI が用いられており，その典型的な例が「キャラクター AI」である。その一方で，ゲーム全体の調整や変化を担当する AI もある。これらの処理は，単純にゲーム中のキャラクターに対応するものではないため，ゲーム AI を研究する分野ではこのような AI を「メタ AI」と分類している。

初期のメタ AI の例として，1983 年に発表された『ゼビウス』において，プレイヤーのスキルに応じてゲームの難易度を調整するレベル自動調整システムなどがある。また，いわゆる「ローグライクゲーム」と呼ばれる分野にあるように，マップを自動生成する技術もゲームでは昔から用いられているが，これもメタ AI の範疇に入る。近年のゲームではメタ AI の機能は飛躍的に高度化しており，例えば 2008 年に発表された『Left 4 Dead』というゲームでは，プレイヤーの操作履歴，操作状況，戦績などから今後の経路を推測し，その箇所にモンスターを自動的に配置するというシステムを採用している。特にこのゲームで特徴的なことは，前述した履歴からプレイヤーの緊張度を評価する式を発案し，それを用いてプレイヤーの緊張と緩和のサイクルが喪失しないように調整し，結果として興味が損なわれないような工夫を行っている点である。

メタ AI は，近年のゲームにおいてますます重要となっている。理由の一つにオンラインゲームの普及がある。オンラインゲームでは，複数のプレイヤーが同一の空間を共有することが多く，かつユーザーは同一場所に多く集まる傾向にあるため，通常のゲームよりも敵やアイテムの偏りが生じやすいという特性

がある。そのため，メタ AI による調整が通常のゲーム以上に重要なものとなっている。

　また，近年のゲームでは「プロシージャル技術」が用いられるようになったこともメタ AI が重要となった一因である。リアルタイム CG 技術が大きく向上し，高精細で大規模なシーンが描画可能となってきており，シーン内に利用される形状データは非常に巨大となっている。これらのすべてをストレージ上やオンライン上から再生することは膨大なロード時間がかかるため，現実的ではない。そこで，シーン内にあるさまざまなオブジェクトをアルゴリズムによって自動生成する手法「プロシージャルモデリング」が近年着目されており，オープンワールド系のゲームを中心に採用が進んでいる。シーン自体が動的に生成されることから，制作者による事前の調整には限界があり，メタ AI の実装によって調整を行うことが必要となる。

● メタ AI とキャラクター AI・ナビゲーション AI の関係　　Column

　メタ AI は 1980 年代ごろのゲームにはすでに用いられていたと前述したが，この当時はまだ，メタ AI とキャラクター AI，ナビゲーション AI との明確な区別はついていなかった。実質的には，一つの AI モジュールがキャラクターの振舞いやゲームギミック（仕掛け）の発動など，すべての制御を行っていた。そういった意味では，メタ AI は最も古くからあるゲーム AI といえるかもしれない。

　これに対し，90 年代ごろから環境を認識する機能を「ナビゲーション AI」として分離し，自律的な AI として「キャラクター AI」が機能として独立していくようになった。これにより，メタ AI はゲーム全体を動かす役割に特化することとなった。この時点のメタ AI の役割は，「神の視点」によって制御される部分と述べるとわかりやすいであろうか。

　メタ AI は，その位置づけからゲーム内のすべての情報を認識することができ，すべての対象を制御することが可能なものとなることが多い。そのため，本来はキャラクター AI が行うべきことをメタ AI が行うような実装も可能で，その結果メタ AI のコードが肥大化，複雑化し，各キャラクターの制御が困難になってしまうことがある。設計の際，メタ AI に多くの役割を持たせることには注意すべきといえよう。

もっと知りたい！ ➡ 「メディア学大系」**2 巻**をご覧ください。

ゲーム

ナビゲーション AI

●執筆者：渡辺大地

ナビゲーション AI とは，キャラクター AI やメタ AI に対しさまざまな情報を提供することを目的とした AI である。

おもな役目として，経路探索や数学・物理演算がある。

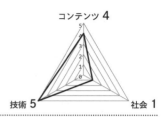

コンテンツ 4
技術 5
社会 1

関連キーワード　レベルデザイン，難易度調整，ゲーム AI，キャラクター AI，メタ AI

初期のゲーム AI は，ゲーム中の各キャラクターやゲームギミック（仕掛け）の制御などをすべて一つの AI モジュールが担当するという設計方針であったが，1990 年代からゲームハードのストレージ容量が増加していくことにより仕様も大規模かつ複雑となり，単一の AI モジュールで制御する設計では開発が困難となってきた。そのため，AI モジュールはキャラクターやギミックを制御する部分と，現在のゲーム内の状況を分析する部分に分離するという方針が多く採用されるようになった。また，1990 年代はリアルタイムに 3 次元空間を描画するシステムが普及しはじめた時期であり，これまでの 2 次元空間とは比較にならないほど数学的に複雑な処理が必要となり，事前に状況を分析することが重要となってきたことも分離の要因となった。このような経緯から，シーン全体の静的な構造と動的な変化を AI が認識できるかたちへのデータへ変換し，提供するためのモジュールとして「ナビゲーション AI」が誕生した。

ナビゲーション AI が持つ典型的な役割の一つが「経路探索」である。広大な 3 次元空間内に多数のオブジェクトが配置されている状態において，始点と終点を指定して経路を算出する機能は多くのゲームで必須の機能となる。画面数枚分の迷路程度であれば単純な探索アルゴリズムをキャラクター AI に持たせることで対処できるが，大規模になってくると各モジュール個別の実装は困難となってくる。そこで，経路探索についてはナビゲーション AI 内に専用のモジュールを用意し，キャラクター AI やメタ AI はナビゲーション AI に情報を問い合わせることで対処するという手法が有効である。

ナビゲーション AI がほかの AI から独立することのメリットはほかにもある。近年主流のオープンワールド系のゲームでは，空間内の地形や状況が動的に変化することが前提となるが，その状況のすべてを事前に把握しておくことは困難であり，ゲーム内のキャラクター AI やメタ AI は状況に応じた振舞いを行うことが必要となる。このような高度な機能を実現するには，現在の地形や状況をつねに管理し，各 AI に必要な情報を提供するモジュールの存在が重要となる。こういった，いわゆる「AI 支援のための AI」がナビゲーション AI のおもな役割である。

　ナビゲーション AI の特色は，キャラクター AI がキャラクターの振舞いを，メタ AI がゲーム全体の調整を行うのに対し，ナビゲーション AI 自体はゲームに対し「なにも変化を起こさない」という点である。あくまで状況の管理と分析が目的であり，ゲーム自体の制御はほかの AI にまかせることになる。

● アフォーダンス表現　　　　　　　　　　　　　　　　　　　Column

　ナビゲーション AI はゲーム世界の状況を分析する役割を持つが，そもそも「ゲーム世界」というのは開発者が自由に世界の法則を設定できる。当然，その法則によってナビゲーション AI の機能も対応していくことになる。ナビゲーション AI の興味深い応用の一つに「アフォーダンス表現」がある。ここでいう「アフォーダンス」とは，対処となるオブジェクトに対し別のキャラクターなどがなしえる行動のことである。例えば，ゲーム中の「岩」に重量を設定しておき，もし岩が軽い場合は持ち運びが可能となる，水流で流されるなどの現象が可能なものとするという設定が意味を持つ。「車」であれば，どのようなキャラクターであっても「乗り方」は同一であるため，各キャラクターはその情報に従って動作する必要がある。

　アフォーダンスを適用した事例としては，『モンスターハンターシリーズ』がある。これらのゲームでは，各オブジェクトに行動ごとのアフォーダンス値が設定されている。また，同様の発想として『ゼルダの伝説 ブレス オブ ザ ワイルド』では「化学エンジン」というモジュールがある。これは，ゲーム中の各オブジェクトがどのような物質でできていて，それがどのような物理反応や化学反応を起こすかを制御する。例えば，「燃焼可能か」，「水に浮くか」，「坂道で転がるか」といったことがオブジェクト毎に異なった動作をする。これも，ナビゲーション AI の一種といえるだろう。

もっと知りたい❢ ➡ 「メディア学大系」**2 巻**をご覧ください。

49

ゲーム

●執筆者：渡辺大地

有限状態遷移機械

有限状態遷移機械とは，既定の複数の状態のいずれかを管理することができる抽象的な計算モデルのことで，人工知能のための手法の一つである。

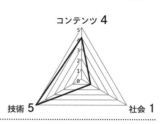

関連キーワード　ゲームAI，キャラクターAI，メタAI，ナビゲーションAI

有限状態遷移機械とは，人工知能を実現するための古典的な手法の一つであり，有限オートマトン（finite automaton），有限状態マシン（finite state machine）などとも呼ばれる。また，「FSM」という略称もよく用いられる。以降本文でも「FSM」と呼称する。

FSMでは，なにかしらの機械に対し複数の「状態」を規定し，その状態が遷移する条件も明確にしておく必要がある。初期状態より遷移の条件が満たされるかどうかを監視し，条件が満たされた時点で別状態に移行するというものである。以下の図は，FSMによる敵AI設計の実例である。

図　FSMによる敵AI設計の実例

FSMの歴史は古く，コンピュータが実用されはじめた1940年代にはすでにチューリングやノイマンらによって考察がなされていた。ゲームAIにおいても，1980年『パックマン』のモンスターの動きなど，初期のゲームから頻繁に用いられており，現在でもなおキャラクターAIを設計する基本的な手法の一つとして用いられている。

FSMを図で表現する手段として，先に挙げたようなフローチャートに近いも

のが最も一般的なものであるが，これを表形式に並べた「状態遷移表」によっ
て表すこともある。下記に示す表にその例を示す。

表　状態遷移表

入力↓ 現在状態→	逃げる	立ち止まる	追う
逃げる		敵が強い	×
立ち止まる	敵がいない		逃げられた
追う	×	敵が弱い	

そのほかにも，統一モデリング言語（unified modeling language：UML）
を用いて記述する「UML 状態遷移図」や，仕様記述言語（simple directmedia
layer：SDL）を用いて記述する「SDL 状態遷移図」などもある。

近年のゲーム開発大規模化にともない，ゲームで実現する AI の仕様も複雑と
なってきているが，これを FSM によって実現することが困難なケースが見受
けられるようになった。これは，状態の種類が増えると遷移の記述量が膨大と
なってしまうことや，二つの状態の中間的な状況という表現が困難なことが理
由として挙げられる。

仕様膨大化に対しては，FSM の代わりに「ビヘイビアベース AI」という手
法を用いるという解決方法がある。ビヘイビアベース AI は，状態と遷移を木構
造によって階層的に管理することにより，多数の種類の状態管理をわかりやす
くするものである。

複数の中間的状態を実現する手法としては，「ファジー論理」という方法がし
ばしば用いられている。ファジー論理を状態遷移機械に導入することで，より
複雑な挙動を示すキャラクター AI が実現可能となった。

もっと知りたい ➡ 「メディア学大系」**2 巻**をご覧ください。

ゲーム　　　　　　　　　　　　　　　　　　●執筆者：太田高志

VR と AR

VRとはコンピュータで現実と同じ環境をつくりだす技術であり，ARはコンピュータの機能が付与された現実をつくる技術である。

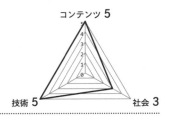

関連キーワード　仮想現実感（VR），拡張現実感（AR），ユーザインタフェース，ディジタルコンテンツ，3DCG，画像認識，画像処理，センサ

　VR（virtual reality：仮想現実感）は，コンピュータによって現実の世界と同じように感じることができる環境をつくる技術である。HMD（ヘッドマウントディスプレイ）を装着して，3DCGや動画像のコンテンツを見るものが一般によく知られている。例えば，乗り物の操縦やスカイダイビングのようにいきなり本物の環境で練習するのが難しい対象に対しての練習手段や，宇宙遊泳や深海に潜るような普通では得難い体験の提供，また，小説の舞台などの空想の世界を現実のように経験するようなことが考えられる。

　コンピュータで生成した世界を現実のように感じられるようにするには，期待されるもっともらしい反応がリアルタイムに起きることが重要である。例えば，視覚的に上下左右に世界（映像）が広がっていることや，見た方向のものが見えるようなことが必要である。見た方向に合わせて表示が変更されるようにするには，人が向いた方向を刻々と知る仕組みが必要である。HMDには向きを取得するためのセンサが組み合わされており，頭の向きや傾きのデータを時々刻々と取得している。その情報に合わせて表示方向をリアルタイムに変化させると，あたかもその世界のなかに入り込んでいるような感覚（没入感）が得られるのである。また，さらに現実感を強化するために，ドアを押したら開くような環境内の事物に働きかけることや，近づくにつれて音が大きくなったり（聴覚），ものに触れた圧力を手に感じたり（触覚）することなどの多様な体の動きを感知し，視覚以外の感覚も利用することが試みられている。

　一方，AR（augmented reality：拡張現実感）は，現実の場所や事物に対して

ディジタル情報をリアルタイムに対応させて呈示する技術である。文字どおり，コンピュータによって現実の機能を拡張するような試みであるといえる。こちらの例でよく知られているのは，カメラで周りを眺めたときに 3DCG や文字情報などが現実の映像に重ね合わせて表示（重畳表示）されるものである。例えば，室内の映像に 3DCG で作成した家具を重ねて表示し，実際にそれらを置いたときの状況を確認するようなことや，歩いているときに進む方向が矢印で空間に現れるようなことが考えられる。また，CG のキャラクターが現実世界中に現れて動き回っているような映像効果をつくることもできる。

コンピュータで生成された情報を現実に重ねるには，カメラによって撮影した映像に情報を重畳表示させる処理を行い，ディスプレイ表示させるような手順が必要である。直接，重畳表示された情報を現実の世界で見るためには，透過型の HMD を利用するかプロジェクターで情報を対象に投影するなどの工夫が必要であるが，スマートフォンのカメラを利用することで，擬似的に画面を透過して見ているようなインタラクションを与えることができる。

AR 技術は映像の重畳表示だけを指すわけではない。文字による表示や音声を利用したり，振動などの触覚を利用したりすることも考えられる。AR 技術では，操作することによって情報を取得するのではなく，対象物を眺めたりその場所に行ったりするような日常的な行為に反応して自動的に情報が呈示されるインタフェースが特徴である。現実の場所や対象のものに合わせて情報を呈示するには，それらを認識するための仕組みが必要であり，特定の図形，画像や対象の特徴点などを画像処理技術によって認識する方法，GPS を利用して場所を特定する方法など，さまざまな手法が考案されている。

● 都合のよい世界をつくることができる技術？　　　Column

DR（diminished reality）という技術も研究されている。これは，AR とは逆に，現実にあるものを視界から取り除いてしまう技術である。画像からいらないものを除去するような編集処理はよく行われているが，これはリアルタイムに消してしまうものである。ちらかっている部屋をきれいに見せたり，知り合いだけがいる世界をつくったりするようなことができるかもしれない。

もっと知りたい ➡ 「メディア学大系」2 巻，5 巻をご覧ください。

ゲーム

インタラクティブアート

●執筆者：太田高志

インタラクティブアートはコンピュータを用いたアートの一つであり，センサなどによって鑑賞者の働きかけを感知して表現が変化するものである。

コンテンツ 5
技術 4
社会 1

関連キーワード インタラクション，インスタレーション，メディアアート，ユーザーエクスペリエンス，センサ

インタラクティブアートとは，コンピュータなどを利用し鑑賞者の働きかけに反応するような作品をつくるアートの一形態である。ビデオなどの技術を利用するメディアアートと呼ばれる芸術の分野が起こり，そうしたアプローチがコンピュータの利用へと発展した。はじめは映像をつくることにプログラムを利用するようなことからはじまったが，働きかけや行為にインタラクティブに反応して表現が変化するインタラクティブアートと呼ばれる分野が現れるようになった。

例えば，鑑賞者の姿をスクリーンにシルエットとして映し，手を挙げるとシルエットの腕の部分が鳥の羽のようになったり，体が飛び立つ鳥として分解していったりする作品がある（図）。インタラクティブアートが従来の芸術の表現形態と異なる点は，作成された作品が一方的に鑑賞されるだけではなく，鑑賞者の働きかけや反応を含めて作品として成立していることである。特定の表現

図　The Treachery of Sanctuary
〔by Chris Milk　http://milk.co/treachery〕

が鑑賞者がスクリーンの前に立つことによって現れ，手を挙げたり動いたりすることで刻々と変化するのである。

　また，作品だけではなく鑑賞者の行為や反応を含めたその場全体が作品を構成しているようになっているアートの形式をインスタレーションと呼ぶ。インタラクションを利用するものには，鑑賞者と作品の一対一の関係に留まるだけではなく，大きな画面や仕掛けを用いてインスタレーションとしてデザインされている作品が多く見られる。

　インタラクティブアートの制作においては，アートとしての表現やメッセージ性のデザインを実現するために

　① 人の働きかけを感知する仕組み

　② 変化する表現の作成

　③ 表現を呈示する仕組み（場）の用意

が必要である。鑑賞者の働きかけとしては，ジェスチャーや作品の一部に触れたり作品の前を通りがかったりするような行為などがあるが，多様なセンサ類がそれらの認識のために利用される。また，カメラを利用して鑑賞者自身の映像を作品に利用するようなことも多く行われている。感知した働きかけに応じて表現を変化させるためには，コンピュータを利用して映像や音などの表現を作成する。ここでは絵筆や彫刻刀ではなく，プログラミングが表現をつくる手段となるのである。表示の手段はスクリーンやディスプレイだけでなく，部屋全体やそのための特別な装置を用意して投影することが行われる。また，映像だけでなく多様な表現手法が採用される。こうしたアートの制作においては，表現そのものだけでなく，鑑賞者と作品のインタラクションをデザインすることが求められる。

　インタラクティブであることは，作品に一時的な性質を与える。そこに現れる表現は鑑賞者の働きかけのあり方によって異なり，一瞬の後には別の内容に変化する。また，あらかじめ予定されていた表現が表示されるわけではなく，鑑賞者のかかわり方によって予想がつかなかった内容や変化が現れる。単に鑑賞するだけではなく，自身が作品をつくることに参加し，作品の一部となる体験としてあるということも，こうしたアートの特徴である。

もっと知りたい ➡ 「メディア学大系」**2巻**，**5巻**をご覧ください。

ゲーム

ゲーミフィケーション

●執筆者：岸本好弘

「ゲーミフィケーション」とは，ゲームデザインに用いられる「人を惹きつけ，動かす力」の要素を，現実の社会活動に活用していくことである。

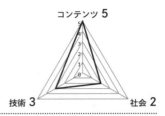

関連キーワード　ゲームデザイン，能動的参加，称賛演出，学習ゲーム，シリアスゲーム，トレーニング，リハビリテーション

　ゲームには「人を惹きつける力」がある。人を惹きつけ，やる気にさせて，繰り返しトライするうちにできなかったことができるようになり，自分の成長を感じることでさらに先へと進みたくなる。こうした「ゲームの面白さ」は，制作者の緻密な計算によって生み出されており，その制作の過程を「ゲームデザイン」と呼ぶ。この「ゲームデザイン」のノウハウをゲーム以外の分野に活用し，ゲームの持つ「人を惹きつける力」を現実の社会活動に役立てようという取組みが「ゲーミフィケーション」である。

　ここでは「ゲーミフィケーション」のノウハウのうち六つの要素を紹介する（図）。一つ目の要素は「能動的参加」である。ゲームは自分がやりたいときにはじめられ，止めたいときに止められる。初級，中級，上級といった難易度が選択できるものも多い。「自分が最も楽しめるモード」で取り組めるということが，人間の活動には大きな意味を持つ。二つ目の要素は「称賛演出」である。ゲームではステージをクリアすると「GREAT」などという表示とともに効果

ゲーミフィケーションの6要素
・能動的参加
・称賛演出
・成長の可視化
・達成可能な目標設定
・即時フィードバック
・自己表現

図　ゲーミフィケーションの6要素

音が鳴ったり花火が上がったりする。自分の成功がきちんと認められるということが活動の継続をうながす。三つめの要素は「成長の可視化」である。ゲームでは頑張った分だけレベルが上がり，自分の分身である主人公の見た目が変わるなどして成長が確かめられる。四つ目の要素は「達成可能な目標設定」である。ロールプレイングゲーム（RPG）では最初の敵は弱く，主人公の成長に合わせて敵も強くなっていくが，工夫と頑張りで必ず倒せるように設定されている。"頑張れば破れる壁"であることが重要である。五つ目の要素は「即時フィードバック」である。ゲームでは，ボタンを押すと主人公がジャンプするなど操作に対する反応が画面からすぐに返ってくる。こうしたリアクションが快感と安心をプレイヤーにもたらす。六つ目の要素は「自己表現」である。主人公に自分好みの装備を施すことはわかりやすい自己表現だが，そのほかにも自分なりの工夫をし，試行錯誤の末に目標をクリアする。友達の気づかない攻略法を見つけ出すこともゲームの大きな魅力である。厳然たるルールが存在するがゆえの快感，満足感である。

　以上のような要素を娯楽用ゲーム以外にも活用しようという「ゲーミフィケーション」の考え方は，日本では 2010 年代に入って注目されるようになった。「学習ゲーム」，「シリアスゲーム」開発はそれ以前から行われ，ますます盛んになっているが，2010 年代以降はスマートフォンの普及に連動してインターネット，SNS の領域で大きく展開した。例えば，毎日ログインするだけでポイントを付与し，そのポイントを商品購入に使えるようにすることでリピーターを増やすネットショッピングサービスや，ジョギング時のルートや走行距離をスマホの位置情報から割り出し，SNS に投稿することでほかのユーザーから「いいね！」のリアクションをもらうアプリなどは，「称賛演出」の活用例である。

　近年では，スポーツ，医療，福祉分野でトレーニングやリハビリテーションに「ゲーミフィケーション」が導入され，能動的・継続的な取組みをうながす事例としても注目されている。「ゲーミフィケーション」には，「辛い」，「面倒」と感じられる行動を「楽しそう」，「やってみたい」，「もっともっとやりたい」と思う行動へと変える力がある。さまざまな社会問題の解決・改善に寄与する可能性を秘めているのである。

もっと知りたい(!) ➡ 「メディア学大系」2 巻をご覧ください。

シミュレーション

群集シミュレーション

● 執筆者：渡辺大地

群集シミュレーションとは，人や動物などの自律的に行動する主体が群をなして移動する際の様子をシミュレーションする技術のことである。

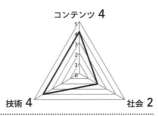

コンテンツ 4
技術 4
社会 2

関連キーワード リアルタイムグラフィックス，物理シミュレーション，キャラクター AI，メタ AI，パーティクルベース

コンピュータゲームでは，多くのキャラクターが群をなすように振る舞う場面がよくある。キャラクター AI だけでは，群行動を実現するには不十分な面がある。そこで，このような集団を制御するためにはまた別の手法を用いることが多い。その手法を一般的に「群集シミュレーション」と呼ぶ。群集シミュレーションは，まず鳥群や魚群などの表現に用いられ，その後人間の群集の表現にも用いられるようになった。また，現在では CG やゲームだけではなく，交通シミュレーションや避難シミュレーションなどの実用的な応用にも用いられている。

群集シミュレーションを実現するための基本的なアルゴリズムとして，「boids アルゴリズム」と呼ばれる手法がよく用いられる。boids は 1987 年に C.Raynolds 氏によって提唱された手法で，もともとは鳥群を表現することを目的としており，「鳥もどき（birdoid）」という単語を縮めた造語である。図に示すように boids アルゴリズムは，「分離」，「整列」，「結合」という三つの法則を各エージェントに与える。

「分離（separation）」は，任意のエージェントが別のエージェントとの距離が一定距離以内になったとき，ぶつからないようにほかのエージェントと距離を取るという法則である。ちなみに，他人に近づかれると不快に感じる近距離空間を心理学用語で「パーソナルスペース」と呼び，人間はあまり親しくない個体がパーソナルスペース内に侵入してきた場合に一定距離を保つために移動

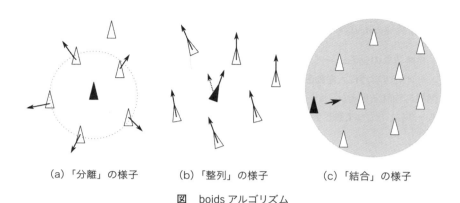

(a)「分離」の様子　　(b)「整列」の様子　　(c)「結合」の様子

図　boids アルゴリズム

する傾向がある。「分離」は，このパーソナルスペースに基づく行動であるといえる。

　「整列 (alignment)」とは，任意のエージェントの方向（速度）ベクトルを，周囲のエージェントと合わせるという法則である。群集を構成する個体は周囲の個体の進行方向に自身の方向も合わせる傾向があり，これには直接的な理由がある場合と，間接的な理由による場合がある。直接的な理由とは，そもそもの目的地が一緒であるときや，特定方向に進行するようになんらかの指示が与えられているような場合を指す。間接的な理由とは，周囲の流れと異なる方向へ進むのは困難なため，とりあえず全体の流れに沿った動きを行うという行動パターンである。動物には本能的に周囲の群と同一の行動を起こす習性があり，「整列」はその行動原理に基づく行動である。

　「結合 (cohesion)」は，各エージェントが群全体の中心方向に集まるように移動するという法則である。この法則を無視してしまうと，基本的に「分離」の法則によって各エージェントは徐々に離れていき，群をなさなくなる。この法則と「分離」によって，「個々どうしはある程度の距離を保ちつつ，全体としては群をなす」という行動を実現することができる。

もっと知りたい ➡ 「メディア学大系」**2 巻**, **11 巻**をご覧ください。

シミュレーション 　　　　　　　　　　　　　　　執筆者：菊池 司

自然現象のシミュレーション

自然現象のシミュレーションは，キーフレームアニメーションのように人が動きを指定するのではなく，自然界の物理法則をシミュレーションしたり，設定したルールにしたがって動きを生成する技術である。

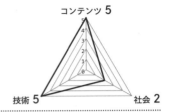

関連キーワード　コンピュータグラフィックス，流体シミュレーション，シミュレーション技術，形状モデリング

　CGにおける自然現象のシミュレーションに関する研究は古くから行われており，さまざまな対象物・現象に対してさまざまなシミュレーション手法が提案されている。初期のころはコンピュータの性能が低かったため，「手続き型のアプローチ」による手法が数多く提案された。手続き型のアプローチとは，実際の物理現象をシミュレーションすることなく，結果としてそれらしく見える映像を生成する手法のことである。代表的なものの一つに，植物のモデリング手法としてLシステム（lindenmayer system）を応用した成長モデルがある。植物の成長モデルでは，枝などの成長過程をモデル化し，受光量や植生などの環境要因を考慮しながら成長のシミュレーションを行う。Lシステムでは，成長の過程を時系列でシミュレーションすることができるため，各過程をつなげていけば植物の成長のアニメーションを生成できる（図1）。

図1　樹木の成長アニメーション

　一方，「物理ベースのアプローチ」では，実際の物理現象を手掛かりとしてアルゴリズムを構築し，アニメーションを生成する。物理ベースのアプローチに分類できるもので伝統的なものの一つに，パーティクルシステムがある。パー

ティクルシステムは，煙や炎，および爆発などのガス状物体を表現するために考案された。

　パーティクル（粒子）は基本的に形状を持たないが（空間の単なるサンプリング点である），オブジェクトを各パーティクルに対応させることで大量のオブジェクトに対して一括して動きを制御することが可能である。パーティクルによるアニメーションでは，3次元空間のある点P（もしくは領域）から，指定された方向Dにある量のパーティクルを時間経過に従って飛散させる。この際，各パーティクルには初速度や重力の作用，寿命，および色などの属性を持たせる。そして，各パーティクルの寿命内で運動方程式を解いたり，設定したルールに従って動きを制御したりすることで，さまざまな現象のアニメーションを生成することが可能である。

　映画やゲームなどにおいては，物体が崩壊するようなシーンを表現する場合，剛体シミュレーションによって破壊現象を計算する必要がある。破壊現象のシミュレーションでは，素材ごとに異なる破壊伝搬を，物体を構成するポリゴン（三角形メッシュ）状にフレームを配置して計算し，動的にシミュレーションを行う物理ベースのアルゴリズムが提案されている。その一方で，事前に物体が壊れる様子をボロノイ分割を利用して生成しておき，衝突と同時にボロノイ分割によって生成された各破片がバラバラに分割されることによって，衝突の衝撃によって割れたかのように見せかけるという手続き型のアプローチも頻繁に用いられる（図2）。後者の手法は物理現象には沿っていないが，破片の大きさや形状，および飛び散り方など，さまざまな要素を自由に制御することができるという利点がある。

図2　ボロノイ分割による破壊シミュレーション

もっと知りたい❗ → 「メディア学大系」11巻をご覧ください。

シミュレーション

物理シミュレーション

●執筆者：渡辺大地

物理シミュレーションとは，コンピュータ上で物体の挙動や変形などを物理法則に基づいて計算し，可視化や応用を行う技術のことである。

関連キーワード リアルタイムグラフィックス，ゲームエンジン，ベクトルと行列，パーティクルベース，有限要素法，弾性体シミュレーション，クロスシミュレーション，剛体シミュレーション，流体シミュレーション，支配方程式，境界条件，拘束条件，ナビエ・ストークス方程式，スカラー場，ベクトル場，アニメーション，ハードウェア，開発環境，プログラミング

近年，CGやゲームの映像品質はたいへん高くなったが，そのためにアニメーション動作に対する不自然さが目立つようになった。また，ゲーム内で表現できる要素の大規模化が進み，それら全部の動きが自然になるように動作させることが困難となってきた。このようなことから，近年のゲームでは物体の物理的な挙動を理論的な運動方程式から算出することが多くなってきた。このように，物理学の範疇にある運動方程式をコンピュータで算出することで，CGやゲーム中での物体の振舞いを決定する手法を「物理シミュレーション」と呼ぶ。ゲームにおける物理シミュレーションは，対象とする物体の特性により大きく「剛体シミュレーション」，「弾性体シミュレーション」，「流体シミュレーション」の三種の処理に大別することができる。

「剛体」とは，まったく変形が起こらない物体のことを指し，「剛体シミュレーション」とは，剛体単体の移動・回転や，剛体どうしの衝突・反射などの様子を算出する手法のことである。コンピュータゲーム中で「物理シミュレーション」という用語が用いられた場合，たいていの場合はこの「剛体シミュレーション」を指すことが多い。剛体シミュレーションは，物体の回転を考慮しない場合は単純な計算となるが，回転を考慮する場合は「慣性モーメント」という概念を導入する必要があり，それに用いられる数学は高校数学の範疇を超えるの

で理解はやや難しい。また，本来の現実世界の運動は時間が連続的であることに対し，ゲームや CG で用いられる時間は離散的なものとなるので，時間が連続であることを前提としている物理理論をそのまま適用すると，そのずれによる計算誤差が想定外の事態を生じてしまう場合がある。特に衝突時の処理においてはその傾向は顕著となる。そのため，ゲームや CG では離散時間に対応した独特な理論体系を実装する必要がある。

「弾性体」とは，ゴムボールのように変形する物体のことを指し，そのような物体の挙動を算出することを「弾性体シミュレーション」という。布や服などの挙動を計算する「クロスシミュレーション」や，水面の波の様子を計算する「波動シミュレーション」も弾性体の範疇に入ることが多い。物体の変形は，その物体の材質により多様な特性を持つものであり，それらすべてを一つの運動方程式で表すことは困難である。そのため，さまざまな弾性体特性を表す手法が提案されており，目的に応じて使い分けることが多い。

「流体」は，空気や液体などのように流動性の高い気体や液体のことであり，流体の流れる様子を算出することを「流体シミュレーション」という。流体を扱う物理学を「流体力学」といい，流体シミュレーションは流体力学理論を応用したものとなっている。

● 物理エンジン　　　　　　　　　　　　　　　　　　Column

　物理シミュレーションは一般的にかなり計算量が多く，通常のプログラミング手法ではリアルタイムグラフィックスに適用できる現実的な計算速度は実現できない。これに対し，本来は 3D 映像を生成することを目的とする GPU の演算能力を物理演算に用いることで，リアルタイムグラフィックスへの適用が可能となった。GPU 上の物理演算を行うためのライブラリやフレームワークを「物理エンジン」と呼ぶ。物理エンジンの開発は，もともとは剛体シミュレーションの実現を主目的としていたが，近年は機能を拡張し，弾性体や流体のシミュレーションにも適用できる機能も持つようになった。

　物理エンジンは，ゲームエンジンで容易に利用することができるため，数学や物理の理論を理解していなくても物理シミュレーションを自作のアプリケーションに取り込むことが容易となっている。しかしながら，物理エンジンによる挙動は制作者の意図どおりに振る舞うとは限らないため，特にゲームにおいては安易な導入は本来の設計が崩れてしまうという問題が生じることもある。

もっと知りたい❶ ➡ 「メディア学大系」**2 巻，11 巻**をご覧ください。

シミュレーション

執筆者：菊池 司

流体シミュレーション

流体シミュレーションは，現在でも多くのCG研究者の注目を集めるテーマの一つである。流体運動にはナビエ・ストークス方程式という偏微分方程式で表される支配方程式が存在し，これを解けばリアルな動きを表現できるため，さまざまな手法が提案されている。

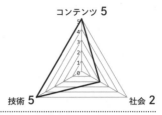

コンテンツ 5 / 技術 5 / 社会 2

関連キーワード コンピュータグラフィックス，自然現象のシミュレーション，シミュレーション技術，形状モデリング

水や炎，煙，雲のような流体は，決定的な幾何学的形状を持たず，環境により容易に変化する。流体現象はPerlinノイズやパーティクルシステムを用いてもある程度の表現は可能だが，実写レベルのリアリティを表現するには至らない。流体のリアルな運動を記述するには，下記のナビエ・ストークス（Navier-Stokes）方程式を解けばよい。

運動方程式： $\dfrac{\partial u}{\partial t} = -(u \cdot \nabla)u - \dfrac{1}{\rho}\nabla p + \nu \nabla^2 u + f$ ，連続の式： $\nabla \cdot u = 0$

ここで，u は流体速度，ρ は密度，p は圧力，ν は粘性係数，f は外力である。このように，ナビエ・ストークス方程式は非線形方程式であるために解析的に解くのは非常に困難であり，数値的にも安定して解けない場合がある。しかし，CGにおいて視覚的な効果に着目するのであれば，必ずしも正確な解を求める必要性は低く，なんらかの近似手法で計算すればよい。例えば，ナビエ・ストークス方程式のうち，数値的に安定に解ける部分だけを計算し，流体のような振舞いをするアニメーションデータを計算する手法が提案されている。

上記のような流体シミュレーションの手法は，ラグランジュ型（Lagrangian）とオイラー型（Eulerian）の二つに分類できる。ラグランジュ型では，流体を粒子の集合体として考え，各粒子の移動を追跡することで流体の振舞いを求める。オイラー型では，空間を格子状に分割し，各格子内の物理量の変化を設定された時間間隔ごとに求める（図1）。例えば，川の流れを把握するために，ラグランジュ型では川の上流からピンポン玉を大量に流して追跡し，オイラー型では川岸にカメラを設置して流量を定点観測している様子に例えることができる。

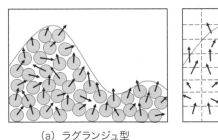
(a) ラグランジュ型

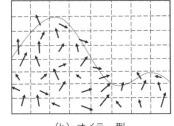
(b) オイラー型

図1　流体シミュレーション

　また近年では，FLIP（fluid-implicit-particle）と呼ばれる，ラグランジュ型とオイラー型を用いたハイブリッドな流体シミュレーションの手法も提案されている。FLIPでは，先ほど述べたナビエ・ストークス方程式において，粒子の挙動を移流部と圧力計算部に分解する。移流項（運動方程式の右辺第1項）は，粒子を流速場に沿ってラグランジュ的に移動して計算する。圧力項（運動方程式の右辺第2項）は，粒子の流速をいったん格子にマッピングしてオイラー的に計算する。この結果を粒子にマッピングして，非圧縮な粒子の流速を計算する（図2）。図3にFLIPシミュレーションの例を示す。

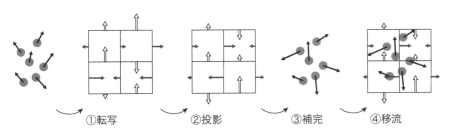

①転写　②投影　③補完　④移流

図2　FLIPシミュレーションの流れ

図3　FLIPシミュレーションの例

もっと知りたい❢ ➡「メディア学大系」**11巻**をご覧ください。

シミュレーション

可 視 化

● 執筆者：竹島由里子

可視化（コンピュータビジュアリゼーション）とは，さまざまなデータが持つ情報をコンピュータ上で画像に変換し，視覚的な解析を可能にする技術である。

関連キーワード コンピュータグラフィックス，大規模データ，サイエンティフィックビジュアリゼーション，情報可視化

可視化（コンピュータビジュアリゼーション）は，視覚化，見える化とも呼ばれ，医学，工学，理学，経済学などさまざまな分野のデータ解析に利用されている．図1に可視化の例を示す．図（a）は，角柱周りの流れ場を可視化した例である．この例では，実世界でオイルミストを流すことにより，流れの方向を表した実写画像に，コンピュータ内で計算された圧力場の可視化結果を重畳している．図（b）は，音楽演奏を可視化した例である．楽曲の音量，音長，音高などの論理構造をシリンダーで表現し，楽曲が持つ雰囲気やムードなどの情緒構造を色によって可視化した例である．

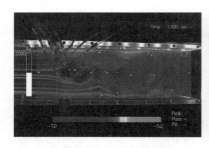
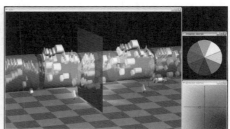

(a) 角柱周りの可視化結果　　(b) 音楽の可視化結果

図1　可視化の例

可視化の目的は，解析対象のデータ内に潜む現象を視覚的に解析可能にすることである．そのため，結果画像の見栄えだけでなく，得られた可視化画像からユーザ（人間）が有用な情報を得ることができるかどうかが重要な鍵となる．

図2に一般的な可視化による解析の流れを示す。さまざまな分野で生成されたデータは，可視化処理により画像に変換される。ユーザは得られた画像を見ることにより，新たな知見を獲得する。得られた知見が十分でなかった場合や，さらなる知見が必要な場合は，可視化パラメータ値を調整したり，可視化方法を変更したりしながら，新たな可視化画像を生成し，同様の処理を繰り返す。解析対象のデータに目的とする情報が含まれていない場合には，データの生成や収集を改めてやり直す場合もある。このように可視化による解析は，単純なコンピュータ内だけの処理ではなく，ユーザも含めた処理である。そのため，可視化画像を作成する場合には，わかりやすい表現方法はなにか，どのような表現方法が正確に情報を伝えることができるのか，どのような点に着目するのかなどについて，人間の知覚能力や視覚特性も考慮することが大変重要である。

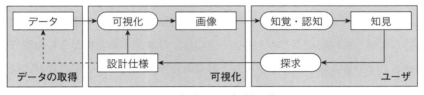

図2　可視化による解析の流れ

　可視化画像の作成の処理は，一般的にデータ入力，フィルタリング，マッピング，レンダリングの四つのステップに大きく分類される。大規模かつ複雑なデータの解析において，すべての情報を同時に可視化することは困難である。そのため，フィルタリング処理において，不要な情報を削除したり，隠したりすることで，可視化処理に利用するデータ項目を選別する。つぎに，マッピング処理でそれらの情報を線や面などの描画プリミティブに変更し，レンダリング処理でディスプレイ上に描画する処理を行う。このような処理の流れをデータフローパラダイムと呼ぶ。

　可視化は，対象とするデータの特徴から，科学技術データ可視化（サイエンティフィックビジュアリゼーション）と，情報可視化の二つに大きく分類することができる。

もっと知りたい❢ ➡「メディア学大系」11巻をご覧ください。

シミュレーション

執筆者：竹島由里子

科学技術データ可視化

科学技術データの可視化は，実験や数値シミュレーションなどによって得られた物理的な空間分布を持つ科学技術データを可視化する技術である。

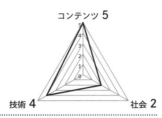

関連キーワード 格子構造，バイリニア補間，トリリニア補間，等高線表示，擬似カラー表示（疑似カラーコーディング），ボリュームレンダリング，矢印表示，流線表示，LIC法，時空間独立性，第一人称性，非侵襲性，再現性

　科学技術データ可視化（サイエンティフィックビジュアリゼーション）は，医用データや工業製品データのような，2次元または3次元などの物理的な空間情報を持つデータを可視化する技術である。対象データが持つ空間的な構造を維持しながら可視化するため，各データには，標本点上の座標とその物理値が格納されている。標本点はボクセルと呼ばれ，その配置は，一定の規則に従ってボクセルが配置されている構造格子，配置に規則性はないもののボクセル間につながりの情報がある非構造格子，規則性もつながりの情報もない無格子の3種類に分類できる。一般的に，ボクセル以外の位置における物理値は，線形に変化するものとして仮定し，バイリニア補間またはトリリニア補間を用いて計算される。利用できる可視化技法は，ボクセル上の物理値が，温度や圧力などのようにただ一つの値として表現されるスカラなのか，速度や力のように複数の値の組として表現されるベクトルなのか，さらに高次のテンソルなのかによって異なってくる。

　スカラ場の代表的な可視化技法として，2次元データでは等高線表示や擬似カラー表示（疑似カラーコーディング），3次元データでは断面表示や等値面表示，ボリュームレンダリングが挙げられる（図1）。等高線表示は，地形図や天気図などでよく利用されており，ある値を持つ位置を線として抽出する方法である。擬似カラーコーディングは，数値データを色に変換し，それぞれのピクセルを対応する数値データの色で塗りつぶす方法である。等値面表示は，等高

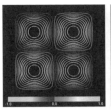 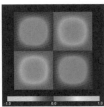  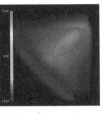

(a) 等高線表示　　(b) 擬似カラー表示　　(c) 等値面表示　　(d) ボリュームレンダリング

図1　スカラ場の可視化技法

線表示を3次元に拡張したものであり，ある特定の値を持つ位置を面として抽出する方法である．一方，ボリュームレンダリングは擬似カラー表示を3次元に拡張した方法といえ，データ全体を半透明な画像として表示する方法である．

ベクトルデータの代表的な可視化技法には，ベクトルの向きと大きさを矢印で表現する矢印表示や，ベクトルを線として接続した流線表示，流れ場全体の様子をテクスチャとして表すLIC（line integral convolution）法が挙げられる（図2）．

 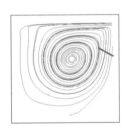 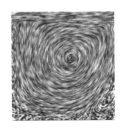

(a) 矢印表示　　(b) 流線表示　　(c) LIC法

図2　ベクトル場の可視化技法

科学技術データ可視化は，実際の現象とは異なる空間や時間で解析可能な時空間独立性，ユーザが自由に解析できる第一人称性，対象データの観察領域に影響を与えない非侵襲性，何度でも完全に同じ可視化結果を得ることができる再現性の四つの特徴を持つ．

もっと知りたい❗ →「メディア学大系」11巻をご覧ください．

シミュレーション
●執筆者：竹島由里子

情報可視化とビジュアルアナリティクス

情報可視化は，抽象的な時空間構造を持つ大規模データに潜む有用な情報を視覚的に理解することを可能にする技術である．ビジュアルアナリティクスは，データ分析，対話操作，視覚認知などの理論を組み合わせ，可視化技術を中心とする総合的な視覚情報分析手法である．

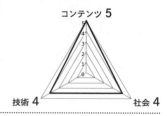

関連キーワード グラフ，多次元データ，階層データ，ネットワークデータ，大規模データ

　情報可視化は，大規模データが持つ数値や構造を，色や位置，形状などに変換することにより，視覚的な解析を可能にする技術である．インフォグラフィックスが，あるコンセプトやテーマに従って，データが持つ情報を視覚的に伝えることを目的としているのに対し，情報可視化では，データの解析が主たる目的である．

　情報可視化の最も基本的な例として，グラフが挙げられ，代表的なものとして，棒グラフ，折れ線グラフ，円グラフ，散布図，箱ひげ図などがある．これらのグラフは2，3個の軸を持つことができる．例えば，気温の折れ線グラフでは，時間と温度の2軸を持つことになる．しかし，大規模なデータでは，より多くの軸を持つ多次元データも少なくない．このようなデータは，一般的なグラフでは表現できないため，散布図マトリクスや，ヒートマップ，平行座標法などが利用される．図は，フィッシャーのアイリスデータをそれぞれの方法で可視化した結果である．散布図マトリクスは，任意の二つの軸の散布図をマトリクス状に配置して可視化する方法であり，各個体は散布図内の点として表現される．ヒートマップは，横方向を各軸，縦方向を個体とした格子の色により，値を表現する．平行座標法は，各軸を縦方向に取り，各個体を折れ線で表示したものである．いずれの方法も，次元数が多くなるにつれ，可視化結果画像が煩雑になるため，類似した特徴の軸をまとめるなどの工夫が必要である．

　SNSの友人関係など，個体と個体のつながりを表すネットワークデータの可視化には，一般的にネットワーク図が用いられている．しかし，個体数が増えるにつれ，その接続関係も複雑になるため，各個体をどこに配置するかが問題となってくる．そこで，個体間の接続関係だけが必要な場合は個体間の接続の有無を行列で表現するマトリクスビューが利用可能である．しかし，マトリク

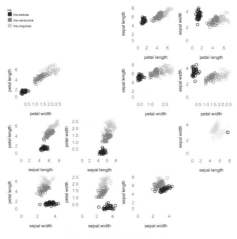

(a) 散布図マトリクス

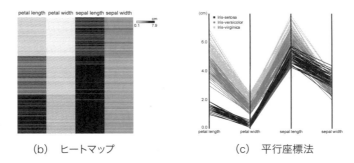

(b) ヒートマップ　　　　(c) 平行座標法

図　多次元データの可視化例

スビューでは，別の個体を経由するような多段階の接続を把握することは困難である。階層構造を持つデータは，一般的に木構造で表現されることが多いが，データサイズが大きくなるにつれ，末端の葉の数が増加するため，配置を工夫する必要がある。このような配置問題を解決する方法の一つとして，空間を入れ子状に分割することにより表現する方法（平安京ビュー）が提案されている。

ビジュアルアナリティクスは，基本的な分析プロセスである統計学やデータマイニング技術と対話的な視覚表現を組み合わせることにより，データが持つ情報の意味づけや，それに基づく意思決定なども考慮に入れた分析を目指すものである。

もっと知りたい！ ➡ 「メディア学大系」11巻と関連があります。

視覚情報デザイン　　　　　　　　　　　　　　執筆者：菊池 司

色彩と配色

人は物事を判断したり，状態を見極める際に色の情報によって無意識に判断することがある。それは，色が人の心にストレートに入ってくることが要因として考えられる。色を正しく理解し使用することで，伝えたいメッセージや情報をわかりやすく効果的に伝達することが可能になる。

関連キーワード　ビジュアルコミュニケーション，グラフィックデザイン，Webデザイン，インフォグラフィックス

色は，自然界において万物が存在を示す意思といえる。水，土，木，空，動物，鳥，虫など，それらが放つ彩りは人々に豊かな色彩感覚を植え付け，その色を衣類，住居，器などさまざまなものに用い，生活のなかに再現してきた歴史がある。この歴史の積み重ねによって，人が色に対して特有のイメージを抱くようになった。また日本では，四季が作り出す自然の色合いの変化によって，色に対する敏感な感受性が育まれてきた。

1666年にイギリスの物理学者であるアイザック・ニュートン（Sir Isaac Newton）が光の性質を究明する目的で行ったプリズムの実験で，太陽光には人間が色として感じることのできる複数の色光が含まれていることを発見した。それ以降，色に関してはさまざまな学問分野で研究が行われるようになり，色の科学的な解明が加速することになる。

ニュートンのプリズムの実験で，スペクトルに分光した太陽光をレンズによって集光するともとの白色光になる。色光は400〜500nmの短波長域は青（B），500〜600nmの中波長域は緑（G），600〜700nmの長波長域は赤（R）になり，これを色光の三原色（RGB）と呼ぶ。そして，それぞれの色光の割合を変えて混色することですべての色を作り出すことができる。色光の三原色を使った混色は，光のエネルギーを加算していくことから加法混色と呼ばれる。逆に，プリンターのインクや絵の具などの色料は，色光の三原色のある領域の光を吸収して色を作り出す。このように，混色によって光のエネルギーが減算

されてしまう混色を減法混色と呼ぶ。

　色を記録・伝達する方法には，日常生活レベルから工業レベルで使用可能なものまで複数存在する。色の表現方法は大きく分けて，記号や数字で色を表す「表色系」と，言葉で色を表す「色名」の2種類があり，より正確に色を表すことができるのは表色系である。

　表色系をさらに大別すると，「顕色系」と「混色系」に分類することができる。顕色系は色票を使い色を定量的に表すもので，物体色を色にしかない性質の色相（hue），彩度（saturation），明度（lightness）の三つによって表す有効なシステムである。混色系は測色器を使い，どの波長域の光をどの程度反射しているかを測色して色を表す方法で，物体色だけではなく光源色も表すことができる。顕色系の代表的なものに，アメリカの美術教育者・画家であったアルバート・ヘンリー・マンセル（Albert Henry Munsell）によって考案されたマンセル表色系がある。また，配色を考える際に役立つ表色系として，一般財団法人日本色彩研究所によって開発された PCCS（practical color co-ordinate system）がある。PCCS 表色系は，同じような明るさや鮮やかさを持つ明度と彩度をまとめて「トーン（色調）」と呼ぶのが特徴である。色を色相・彩度・明度の三属性で表そうとすると3次元の立体的な空間になるが，色相とトーンの二属性で表すと平面に簡略化することが可能となる。

　デザインにおいて，色を選定することは非常に重要な作業である。媒体のコンセプトと色が持つイメージを合致させること（トーン＆マナー）は基本だが，そもそも色が調和するとはどういうことだろうか？ 配色調和論は一つだけではない。代表的なものだけでも，シュブルールの「類似の調和」と「対比の調和」，ルードの「色相の自然連鎖」と「色相の自然秩序」，ジャッドの理論などがある。これらの理論を把握しておけば，実際に配色を決定する際のヒントにはなるが，つねに美しい配色になるというわけではない。自らがつねに「なぜこの配色が良いのか」，「なぜ美しいのか」などを考えることが重要である。

もっと知りたい❗ ➡ 「メディア学大系」**11 巻**，**15 巻**をご覧ください。

視覚情報デザイン　　　　　　　　　　　　　　● 執筆者：菊池 司

グラフィックデザイン

「グラフィックデザイン」という言葉の意味するところは幅広く，つかみにくい概念である。グラフィックデザインは，私たちの日々の生活に密接にかかわり合っているため，見やすく，読みやすく，わかりやすいものであることが求められる。そのため，デザイナーには非常に高度で幅広い知識と技術が必要となる。

関連キーワード　ビジュアルコミュニケーション，Web デザイン，インフォグラフィックス，色彩と配色，非言語のコミュニケーション

「グラフィックデザイン」という言葉を辞書で調べると，「商業用に，各種印刷技術を応用して大量に複製されるデザイン。広告，ポスター，カタログなど」（集英社「国語辞典」）とある。すなわち，グラフィックデザインは私たちの日々の生活に密接にかかわり合っている。情報を届けることを目的に大量生産される新聞や雑誌，書籍，ポスター，フライヤーなどのメディア類から，封筒や便箋などのステーショナリーグッズ，商品を包むパッケージや包装紙までもがグラフィックデザインの対象である。

このように，グラフィックデザインは多くの人に届けられるものであるため，見やすく，読みやすく，わかりやすいものであることが求められる。そのためには，デザイナーは人間の視覚心理をよく理解し，どのように視覚表現すれば情報を正しく認識してもらえるかを知っておく必要がある。こうした知識や技術は，短時間で得られるものではないため，数多くのデザインに触れ，優れた視覚表現とはなにかを日々考え続けることが必要となる。

グラフィックデザインを表す要素は，「構成」，「色」，「文字」，「写真」，「形」の要素に整理される。これらの要素をさまざまな方法で組み合わせたり，配列したりしていくのが，デザインやレイアウトの作業である。そのなかでも，構成はデザインの骨組みを決める重要な要素である。情報を整理し，全体の骨組みが決まれば，文字やビジュアル要素の配置も自然と決まっていく。全体を俯瞰しながら，見る人にとってわかりやすく，インパクトのある構成を制作する。

平面を構成するものが写真やイラスト，図版，文字などのいろいろな素材
だった場合，それらの配置はデザイナー自身のバランス感覚によるところが大
きいが，ある程度の法則や目印を設けると，迷わずに位置を決定することがで
きる。西洋で古代から利用されていた最も美しい比率とされる「黄金比」の近
似値は，1：1.618 という比率である。実際に美しいとされるさまざまな美術品
や自然の造形物が，この比率に当てはまる。日本では黄金比よりも「白銀比」
のほうが好まれ，比率は 1：$\sqrt{2}$ である。法隆寺の五重塔や仏像から，かわいい
キャラクターデザインの縦横比にまで当てはまる。そのほか，よく利用される
方法に「グリッドシステム」がある。絵画や写真のバランスでよく使用される，
画面構成を決める際の手法で，デザインでも応用可能である。縦横の中心線と
対角線，対角線の交点を利用した中心線といったように補助線を作り，それに
沿うようにレイアウトを決めていく。

　平面デザインを考えるうえでは，「ゲシュタルト心理学」の考え方を理解し
ておくと有益である。ゲシュタルト心理学では，目に見える図形などの対象物
を一定の秩序をもった全体的な構造物として捉える。人間の視覚は，一定の秩
序・形態にまとまる志向性をもっており，この一般的な秩序形成の傾向を「プ
レグナンツの法則」と呼ぶ。プレグナンツの法則は，ゲシュタルト心理学の中
心概念であり，「図と地」の認識のほか，物事を単純化，グループ化して捉えよ
うとする傾向を説いている。

　デザインを実際に行う際，個々の要素を無目的に配置するのではなく，たが
いに関連させ，全体として大きなまとまりを構築していくことがゴールになる。

● スケッチする習慣を身に付ける　　　　　　　Column

　頭のなかに思い浮かべたイメージを，ペンを走らせて紙の上に絵で表現するという行為は
非常に重要である。アイデアは一瞬で閃くが，その記憶は時間が経つにつれて消えてしま
う。アイデアが浮かんだら，すぐにメモ帳を開いて乱暴でもいいので書き留めることが大切
である。

もっと知りたい ➡ 「メディア学大系」11 巻，15 巻をご覧ください。

メディア学

映像制作

アニメーション

ゲーム

シミュレーション

視覚情報デザイン

コンピュータグラフィックス

音声音響

75

視覚情報デザイン　　　　　　　　　　　● 執筆者：菊池 司

Web デザイン

　Web サイトは，さまざまな目的のために企画，運用されており，その目的により求められる機能やデザインが異なる。また，ターゲットとなるユーザの年齢や性別，利用環境などを考慮した情報表現が求められる。ユーザビリティやアクセシビリティに配慮した，広い視野に立ったコミュニケーションデザインへのアプローチが必要なのである。

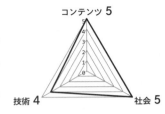

(関連キーワード)　ビジュアルコミュニケーション，グラフィックデザイン，インフォグラフィックス，色彩と配色，非言語のコミュニケーション

　近年，PC などの設備とインターネットへの接続環境を準備するだけで，Web サイトを容易に制作できるようになっている。そのため，企業，団体，政府などの組織の情報発信から，個人やグループなどのパーソナルな情報発信まで，Web サイトがさまざまな目的で利用されている。また，特定少数の対象に向けた情報から，不特定多数の対象に向けた情報まで，さまざまなタイプの情報を発信することも可能である。このように Web サイトは，なくてはならないメディアの一つとなっている。

　Web サイトの構築に必要なプロセスを図に示す。

　図は Web サイト構築に必要なプロセスを，「目的」，「要求」，「情報アーキテクチャ」，「情報デザイン」，「ビジュアルデザイン」という 5 段階のレイヤーで示したものである。下から上への時系列になっており，抽象的なものから具体的なものになるまでの工程がレイヤーとなって積み重なっている。この図から，最上部の「表層（ビジュアルデザイン）」を実行するためには，残り四つの段階が必要であることがわかる。特に「情報アーキテクチャ」というレイヤーが中央に位置し，プロセスとしても重要なステップであることが見てとれる。

　第 4，5 階層の「骨格」，および「表層」を実装するにあたっては，HTML（hypertext markup language）や CSS（cascading style sheets）のような言語を用いる。Web サイト制作の現場で最も頻繁に用いられる言語は，HTML，CSS，および JavaScript であるが，これらの言語は大まかにつぎのような役割を持っ

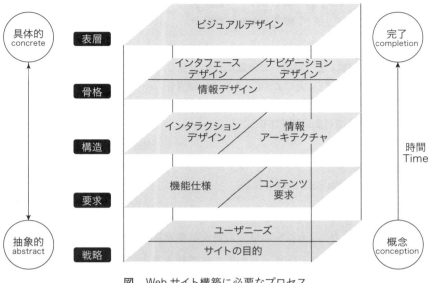

図　Webサイト構築に必要なプロセス

ている。

　HTML：情報の記述，情報構造，および文書構造の定義を行う。
　CSS：表示する情報の体裁を記述する。
　JavaScript：インタラクティブな機能や各種自動処理などを実装する。

　コンテンツの制作やデザイン，プログラミングといった工程が終わっても，それでWebサイトが完成したというわけではない。この段階のWebサイトは，単純な誤字脱字からプログラムのバグまで，さまざまな不具合を含んでいることが多い。そのため，公開前に可能な限り不具合を発見して修正しておくことは，Web制作においてきわめて重要な要件とされている。

　そしてWebサイト公開後は，Webサイトのさまざまな状況を知る必要がある。なぜならば，Webサイトを効果的に運用し，その目的を達成するためには，現行のWebサイトの長所と短所を正確に把握し，長所を伸ばしつつ短所を改善していく必要がある。このプロセスを「Web解析」という。Web解析から得られる情報を活用して，つぎのWebサイトリニューアル時の施策を立案する。

　もっと知りたい　➡ 「メディア学大系」10巻，15巻をご覧ください。

視覚情報デザイン　　　　　　　　　執筆者：菊池 司

ビジュアルコミュニケーション

「見る」という至極当たり前のことに隠された不思議の一つに、「錯覚」と「期待」の連鎖がある。「見せる」ことを最適化することによって、見た人に錯覚を引き起こさせ、期待を持たせることが可能となる。そして、期待は人を行動に駆り立てる。

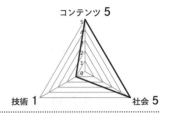

関連キーワード　グラフィックデザイン，Web デザイン，インフォグラフィックス，色彩と配色，非言語のコミュニケーション

　人が五感を通して受け取る全情報の 80％ から 90％ は視覚から取り入れられるといわれる。しかし，それらの情報の多くは無意識に入ってきてそのまま流れていってしまい，意識に留まったわずかな情報をもとに脳は勝手にシミュレーション（想像）を行う。例えば，ある朝，あなたは新しいアルバイト先の面接を受けるために先方に向かっているとする。あなたが通された面接室は，外光の降り注ぐ洗練された気持ちのいい空間だった。デザインセンスの良いラウンドテーブル，寛ぎを感じる観葉植物，明るく開放的なガラス張りのオープンオフィス。あなたの心は期待に満ち，希望に燃えるだろう。ところが，通された面接室がまったく違ったらどうだろう？ 雑然としていてとても暗い感じの，エレベーターが壊れていて暗い急な階段から行くしかないオフィス。ドアがきしんで，壁の向こうからは怒鳴り声が聞こえ，壁には何十年も前のポスターが貼りっぱなし。あなたの心はすっかり塞ぎ込むだろう。

　上記二つの例は極端に聞こえるが，じつは人は自分の好む景色を見て，「素敵な人と過ごせそう」，「いい仕事ができそう」などと錯覚し，いつの間にか期待を抱くのである。期待は希望になり，前向きな行動をうながす。つまり，「見せる」ことを最適化することで人は錯覚を起こし，錯覚は脳を騙し，人に期待を持たせる。期待は「すごい」，「素敵」，「面白い」などといった感情と結びつき，人を行動に駆り立てるのである。

　人が得る情報の大部分を占める視覚について理解し，「見せる」ことによって

人の錯覚と期待をコントロールできるようになれば，コミュニケーションに大きな変化が生まれる。これがビジュアルコミュニケーションである。

　ビジュアルコミュニケーションにおいては，グラフィックデザインの要素が多分に含まれる。グラフィックデザインに関しては別項目で詳細を述べるが，グラフィックデザインにおける基本は（意外に思われるかもしれないが）「文字」である。絵や写真のないグラフィックデザインは多数あるが，文字のないグラフィックデザインは存在しないといえるほど，文字はグラフィックデザインにおいて必要な要素である。

　文字を通して言葉と思いに「見た目の姿」を与える技術がタイポグラフィである。タイポグラフィによるメッセージの伝え方には，大きく「文字を見せる」方法と「文字を読ませる」方法の二つがある。デザイナーは求められる方向性や使われる状況に応じて，ひと目で伝わる姿にするのか，じっくり向き合うことで伝わる姿にするのかを考え，演出しなければならない。

　そして，文字からはじまるビジュアルコミュニケーションには，「コードモデル」と「推論モデル」が存在する。コードモデルは，情報を発する側と受け取る側が共通するコード（暗号）を持っていると，発せられた情報が受け取る側に正しく伝達され，コミュニケーションが成立するという考え方である。推論モデルは，情報の発信側に対して，受け手は発信者との関係，季節，および時間などの背景情報から推論し，返答しているという考え方である。推論モデルでは，情報の発信者が発した情報に受け手の勝手な推論が加わり，多種多様なコミュニケーションが生まれる。インターネットにおけるビジュアルコミュニケーションを考えた場合，例えば Facebook の写真投稿において「ハンバーグ完成なう。美味しそう」という言葉だけの投稿ではなく，その写真を掲載して印象を伝えることで，見た人たちのそれぞれの推論をうながし，言葉の情報からだけでは生まれそうもないコミュニケーションが生まれる場合がある。ビジュアルはインターネットのコミュニケーションにおいても，より多くの感情を喚起し，メッセージの投稿という形でユーザの行動をうながすのである。

もっと知りたい(!) ➡ 「メディア学大系」**11 巻**，**15 巻**をご覧ください。

メディア学

映像制作

アニメーション

ゲーム

シミュレーション

視覚情報デザイン

コンピュータグラフィックス

音声音響

視覚情報デザイン　　　　　　　　　　　執筆者：菊池 司

インフォグラフィックス

近年耳にする機会が多くなった「インフォグラフィックス」。その名称から，これがグラフィックで情報を説明するという仕組みであることは想像できるだろう。インフォグラフィックスは，いつごろ，なにを目的に登場した表現なのか？ その誕生から制作方法までを概観する。

関連キーワード　ビジュアルコミュニケーション，グラフィックデザイン，Web デザイン，色彩と配色，非言語のコミュニケーション

「インフォグラフィックス」とは，複雑な内容やイメージしづらい物事の仕組みなどを把握・整理し，視覚的な表現でほかの人に情報をわかりやすく伝えるグラフィックデザインのことである。絵や図で説明すると，言葉では伝わらないことでも簡単に理解できる。それがインフォグラフィックスの目的であり，理想である。

インフォグラフィックスは，インフォメーションとグラフィックスを合成した言葉で，海外でも同様に infographics, information graphics と呼ばれている。もともとは新聞やニュース系雑誌のデザイン部門の，グラフィック・ジャーナリズムという，どちらかというと狭い世界の言葉だった。日本でこの言葉が使われはじめたのは，1993 年にスペインのパンプローナで設立された「マロフィエ賞（Malofiej International Infographics Awards）」からだといわれている。当初，インフォグラフィックスとは新聞や雑誌，ニュース・エージェントなどのニュース・メディアが，それぞれのニュース媒体に掲載するために作るダイアグラムのことを指していた。ダイアグラムという言葉は，日本でも海外でも古くから使われているが，ダイアグラムが情報を無駄なく機能的に整理するのに対し，インフォグラフィックスはニュース報道という性格上，一般の人々にまず新鮮な驚きで情報の存在に気づかせたうえで，その情報を理解してもらうために視覚的表現を練り上げる。それぞれの文化や慣習にならった比喩などを用いて別の形で表現することもある。このときのインフォグラフィックスは，人とのコミュニケーションを意識し，相手の視点から見た「わかりやすさ」を追求する。

インフォグラフィックスは，以下のように体系的に分類できる。

ダイアグラム：おもにイラストを用いて物事を説明・図解する。
チャート：図形や線，イラストなどを用いて，相互の関係を整理する。
表：情報をある基準で区分し，縦軸・横軸上に整理する。
グラフ：数値の大きさで比較や変化・推移を表す。
地図：一定の地域・空間における位置関係を表示する。
ピクトグラム：文字を使わず，絵で物事を直感的に伝える。

このようにインフォグラフィックスは，新聞や出版など情報を伝えるコミュニケーション・メディアの一つとして発達し，「わかりやすさ」，「使いやすさ」を追求するコミュニケーションデザインへと変化してきた。現在のインフォグラフィックスに必要な条件として
　① 意味のある視覚要素を用いること
　② 簡潔で親しみやすく，わかりやすいこと
　③ インパクトを与え，目を惹くこと
　④ 内容に価値があり，資料として保存しておきたいこと
　⑤ 見た人に考えるきっかけを与えること
が挙げられる。さらに，モバイル端末が普及した近年では，上記の五つに加えて，「ストーリー性」も重要になってきている（図）。モバイル端末画面の縦スクロールのなかで，いかに興味を途切れさせずに話を読ませるか，情報を見続けさせるかが重要なのである。また，ARやVRの技術の進展もあり，今後は情報を立体的に見せる手法へと広がる可能性もある。

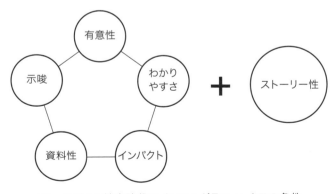

図　モバイル端末時代のインフォグラフィックスの条件

もっと知りたい！　→　「メディア学大系」11巻，15巻をご覧ください。

コンピュータグラフィックス ● 執筆者：柿本正憲

コンピュータグラフィックス

コンピュータグラフィックスは広く利用され，一般の人々にもなじみのある技術として普及している。主要な要素技術はモデリング，アニメーション，レンダリングの三つである。これら三つはコンピュータグラフィックスの処理プロセスでもあり，制作の分業単位でもあり，ひいては研究分野の分類にもなっている。

関連キーワード 形状モデリング，アニメーション，レンダリング，ディジタル画像，投影，幾何学的変換，ラスタ化

コンピュータグラフィックス（CG）は，計算処理によりディジタル画像を生成する技術，あるいはその生成結果画像の総称である。CGに対比する概念は「実写」あるいは「実写画像」である。アナログ画像として作成される伝統的なセルアニメーションも，CGに対比する概念である。

広義に捉えれば，なんらかのディジタル的な画像加工処理やその結果画像はすべてCGということになる。現実的には，実写画像の色を調整した程度の処理は画像処理であり，CGには含まない。入力図形情報があり，それをもとにディジタル画像を出力した場合，その技術や生成画像をCGと呼ぶのが妥当である。

CGには，2次元図形情報をもとに生成される2次元CGと3次元形状情報から生成される3次元CGとがある。前者の代表例は，ペイントツールによりディジタル画像を作成するケースである。一般にCGという場合は，後者の3次元CGを指すことが多い。ここでは3次元CGについて述べる。

3次元CGの要素技術は，大まかに形状モデリング（または単にモデリング），アニメーション，レンダリングの三つに分類できる。これら三つは，CGの計算処理プロセスの分類でもあり，作品制作の場合の工程の分類でもある。

計算処理プロセスとして捉えた場合，モデリング，アニメーション，レンダリングの処理を図示すると図のようになる。

モデリングの入力は形状や配置の情報であり，モデラーと呼ばれる専門家の

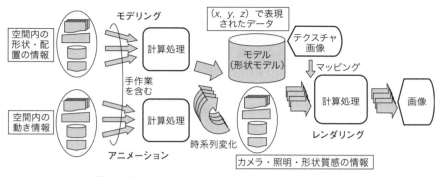

図　3次元コンピュータグラフィックスの処理の流れ

手作業入力を含む計算処理により形状モデルを出力する。形状モデルの主要なデータは (x, y, z) の座標群である。

　アニメーションの入力は空間内の動き情報であり，アニメーターによる手作業を含む計算処理により形状モデルの時系列変化を設定する。例えば，関節角変化を反映可能なキャラクタ骨格の設定作業はリギングと呼ばれる。

　レンダリングの入力情報は，アニメーション処理により決定されたある時刻の形状モデル位置姿勢，カメラ情報，照明情報であり，形状モデル表面に付与された質感情報やテクスチャ画像である。これらに基づきモデルの幾何学的変換や投影変換やラスタ化処理を経て画像の各画素（ピクセル）の輝度が計算され，所定の解像度の画素すべての計算を終えると1フレームのディジタル画像が出力される。

　映像作品の中の3次元CG制作工程では，まずモデリング作業により形状モデルを作成し，アニメーションによりモデルの変形や姿勢や動き，カメラの動きなどを設定しながら簡易レンダリングにより確認する。形状モデルと動きを確定したら，レンダラーと呼ばれる映像生成プログラムを用いてレンダリング処理を行い，高品質の画像を1フレームずつ，つぎつぎに出力して動画映像を完成させる。

　もっと知りたい(!) →「メディア学大系」12巻をご覧ください。

コンピュータグラフィックス

執筆者：柿本正憲

幾何学的変換

空間図形の位置や向き，大きさを変更する計算処理は幾何学的変換と呼ばれ，CG 処理で非常によく使われる。図形と同様にディジタル画像の各画素に対しても幾何学的変換を適用して画像全体の位置や向きを変更できる。

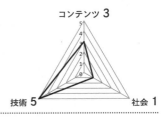

関連キーワード アフィン変換，平行移動，回転，拡大・縮小，同次座標，再標本化

幾何学的変換は，空間内の図形の位置や向きを変更したり，大きさなどを変形したりするものである。具体的には，図形を構成する各点の座標に行列を掛ける変換処理を行う。CG で多用される計算処理で，特に各部品の形状モデルをワールド座標系に集約して配置する際に利用される。

幾何学的変換では，数学的にはアフィン変換（Affine transformation）と呼ばれる種類の変換を用いる。アフィン変換で実現できるおもな変換は「平行移動」「回転」「拡大・縮小」「せん断（スキュー）」の 4 種類である。

2 次元平面上での幾何学的変換は，つぎのような一般式で表記される 2 次元アフィン変換により記述できる。

$$\begin{cases} x' = ax + by + c \\ y' = dx + ey + f \end{cases} \quad \text{または} \quad \begin{pmatrix} x' \\ y' \\ 1 \end{pmatrix} = \begin{pmatrix} a & b & c \\ d & e & f \\ 0 & 0 & 1 \end{pmatrix} \begin{pmatrix} x \\ y \\ 1 \end{pmatrix} \tag{1}$$

ここで，$(x, y)^T$ は変換前の点，$(x', y')^T$ は変換後の点である。行列表記の場合は座標を一つ増やした同次座標 $(x, y, w)^T$（ただし式（1）では $w=1$）を用いて平面上の点を表す。$a \sim f$ は変換を具体的に定める係数である。アフィン変換を含め，行列の掛け算で記述できる変換を線形変換と呼ぶ。具体的な一つの線形変換を表したい場合には，行列一つを示すだけで十分である。**表**は平面上の

表 典型的な幾何学的変換の一般式（2 次元アフィン変換）の例

2 次元アフィン変換				
平行移動	1 次変換で表せる 2 次元アフィン変換			
^	拡大・縮小	原点周りの回転	y 軸方向のせん断	
$\begin{pmatrix} 1 & 0 & t_x \\ 0 & 1 & t_y \\ 0 & 0 & 1 \end{pmatrix}$	$\begin{pmatrix} s_x & 0 & 0 \\ 0 & s_y & 0 \\ 0 & 0 & 1 \end{pmatrix}$	$\begin{pmatrix} \cos\theta & -\sin\theta & 0 \\ \sin\theta & \cos\theta & 0 \\ 0 & 0 & 1 \end{pmatrix}$	$\begin{pmatrix} 1 & 0 & 0 \\ \tan\theta & 1 & 0 \\ 0 & 0 & 1 \end{pmatrix}$	

幾何学的変換（2次元アフィン変換）のより具体的な種類を表す 3×3 行列である。

ここで，t_x, t_y は移動量のそれぞれ x, y 方向の成分，s_x, s_y はそれぞれ方向の拡大率である。θ は原点を中心とした角度で，x 軸の正の向きを角度 0 として反時計回りを正の角度とするものである。

これら4種類の変換のうち，平行移動以外の三つは原点の位置が不変となる1次変換で記述できる。式（1）において $c = f = 0$ となる形であり，平面内の1次変換は 2×2 行列 $\begin{pmatrix} a & b \\ d & e \end{pmatrix}$ によっても表記できる。

3次元空間内の幾何学的変換は3次元アフィン変換で記述でき，式（1）を拡張して z 座標を追加挿入した形となる。行列は 4×4 行列となる。平行移動と拡大・縮小は拡張形を想起しやすい一方で，空間内の回転については，新たに回転軸の設定が必要で，注意が必要である。回転軸が z 軸である特殊な場合は，表で示した 3×3 回転行列を比較的単純に 4×4 に拡張した形となる。xyz 各軸回りの回転は3次元 CG の形状モデル配置でもよく利用される。

実務的には表で示すような変換を複数連続的に適用する幾何学的変換を行う場合が多い。線形変換の連続的な適用は行列同士の掛け算で記述できる。式（1）で示したアフィン変換の一般式行列を二つ用意して掛け算した結果は，やはりアフィン変換となることがわかる。

● 画像の幾何学的変換は実は逆変換！　　　Column

　図形ではなくディジタル画像でも，全画素に幾何学的変換（2次元アフィン変換）を適用して像全体を拡大・縮小したり回転したりできる。概念も式（1）で表現でき，$(x, y)^T$ は変換前の画素位置，$(x', y')^T$ は変換後の画素位置である。しかし，これを素直に計算処理に実装すると，拡大処理で不具合が生じる。例えば，解像度が2画素×2画素の小さな画像を縦横ともに2倍に拡大したい場合，式（1）を4個の入力画素位置に対して実行した結果得られる別の4個の画素位置に元画素の輝度をそれぞれコピーすることになる。しかし，結果画像の解像度は4画素×4画素の 16 個のはずである。この方法では，そのうち4個しか埋まらない。この不具合解決のためには，出力解像度を定め出力画素位置を $(x, y)^T$ として逆変換（この例だと 0.5 倍の拡大）を適用し，求めた入力画素位置 $(x', y')^T$（四捨五入した最近傍の整数座標位置）から輝度を $(x, y)^T$ にコピーする再標本化と呼ぶ処理を行う。$(x', y')^T$ が元画像の外なら出力画素 $(x, y)^T$ は例えば黒などで埋めるしかない。

もっと知りたい ⏎ →「メディア学大系」**12 巻**をご覧ください。

投影変換

執筆者：柿本正憲

3次元空間内に定義された形状モデルは，投影変換によって変形され，xy座標を残すことで2次元平面内に押しつぶされた形で収まる。その過程で画面の枠外を切り取るクリッピング処理も行う。投影変換とクリッピング処理の組合せは，3次元コンピュータグラフィックスの最も本質的な処理の一つである。

関連キーワード コンピュータグラフィックス，モデリング，レンダリング

　CGで一つの画像を生成する際には，デザイナーは空間内に多数の頂点からなる形状モデルを用意するとともに，仮想カメラ（視点と視線向き）を配置する。これにより，視点を原点として視線をz軸とするカメラ座標系（視点座標系）が設定される。

　カメラ座標系でデザイナーは視界（ビューボリューム）の形を決定する。視界は，空間を切り取って表示したい画面に対応させるための範囲で，六面体として設定する。形状モデルが視界の外にはみ出た場合，その部分は画面の枠外に切り取られ，表示されない。

　投影変換は，カメラ座標系から正規化デバイス座標系（NDC：normalized device coordinate，投影座標系とも呼ぶ）への座標変換を行う。投影変換により，カメラ座標系の視界は正規化デバイス座標系の立方体に変形される。

　視界の形を直方体に設定すれば平行投影と呼ばれる投影変換が行われ，ピラミッドの頂上（視点に対応する）をカットしたようなビューフラスタム（四錐台）を設定すれば透視投影（perspective projection）が行われる。

　透視投影はパースとも呼ばれ，視点から遠いものほど画面上で小さく表示する遠近感の効果が出せる。3次元コンピュータグラフィックスでは透視投影を用いる場合が多い。平行投影は設計図面の平面図や立面図のような特殊な表示のために用いられる。

　透視投影の過程を図に示す。図(a)はカメラ座標系での視界（ビューフラスタム），図(b)は透視投影変換行列，図(c)は正規化デバイス座標系の視界である。この立方体は，中心が原点で，長さ2の各辺が軸に平行に配置される。8頂点は，x, y, z座標値が1または-1のすべての組合せとなる。

　カメラ座標系でのビューフラスタムは，原点から直線的に拡がるように設定

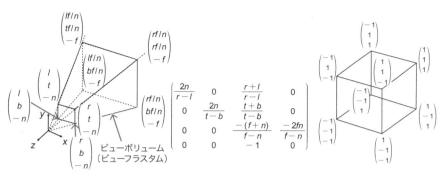

(a) カメラ座標系　　(b) 透視投影変換行列　　(c) 正規化デバイス座標系

図　透視投影の変換前後の視界と変換行列

する。視界を切り取る六面体の面（クリッピング面）を定める六つのパラメータ（l, r, b, t, n, f）によって設定を行う場合が多い。

パラメータ n, f は，$-z$ 側にあり z 軸に垂直な 2 面の，原点からの距離（$0 < n < f$）をそれぞれ指定する。距離 n の面はニアクリッピング面（投影面），距離 f の面はファークリッピング面と呼ぶ。残り四つのパラメータ l, r, b, t は，ニアクリッピング面内での視界の範囲を定めるもので，視点から見て x 方向の最小値（左）と最大値（右），y 方向の最小値（下）と最大値（上）をそれぞれ指定する。

透視変換の計算は，カメラ座標系の形状モデル各点 $(x, y, z)^T$ を同次座標 $(x, y, z, 1)^T$ で表記し，図（b）に示す 4×4 行列を左から乗じることで実行する。乗算後の同次座標 $(x', y', z', z_D)^T$ から，最後は z_D で除算し正規化デバイス座標系の点 $\left(\dfrac{x'}{z_D}, \dfrac{y'}{z_D}, \dfrac{z'}{z_D}\right)^T$ が求まる。z_D はカメラ座標系におけるその点の視点からの z 方向の奥行に等しい。

つぎに，形状モデルが立方体からはみ出た部分を切り取るクリッピング処理を行う。各三角形と立方体各面との交点を検出し，その交点を新たな頂点とする三角形に置き換える。そのため正規化デバイス座標系はクリッピング座標系とも呼ばれる。その後，z 座標を除いて xy 座標を残す。最後に，スクリーンやウィンドウの大きさに合わせた xy 方向の拡大処理（ビューポート変換）を行い画面表示の 2 次元形状モデルが得られる。

もっと知りたい ➡ 「メディア学大系」**12**巻をご覧ください。

コンピュータグラフィックス

レンダリング

● 執筆者：柿本正憲

3次元コンピュータグラフィックスで各画素の輝度を計算する最終処理がレンダリングである。CG黎明期から特色ある各種手法が多数考案された。高速化と高品質化のそれぞれについて，現在でも技術は進化を続けている。

関連キーワード コンピュータグラフィックス，モデリング，アニメーション，ディジタル画像

　レンダリングはコンピュータグラフィックス（CG）処理の最終段階で，各画素（ピクセル）の輝度計算結果を出力し，ディジタル画像を描画する処理である。レンダリングの入力情報は，3次元形状モデルとその配置情報のほか，視点の位置と向き，光源の位置などである。各形状モデル表面の材質・色の情報，貼り付けるテクスチャ画像の情報も入力データに含まれる。

　目的別にリアルタイムレンダリングとバッチレンダリングに分けられる。前者はPCやゲーム機などで用いられるGPU（graphics processing unit）に組み込まれ，高速に処理される。厳密にリアルタイムと呼べるのは毎秒60フレーム以上の出力の場合だけである。後者は高品質の映像作品のために用いられ，1フレームの出力に数秒から数時間以上費やす場合もある。

　レンダリング処理は機能別の複数の処理から構成される。3次元形状の前後関係を判定する隠面消去，光源と形状モデルとの照射関係を定める照明モデル（局所照明または大域照明），局所照明による表面の輝度を計算する反射モデル，映り込みを求める完全鏡面反射または屈折計算，画像を貼り付けるテクスチャマッピング，霧やレンズ効果などの特殊効果付与などがある。

　隠面消去法としては，Zバッファ法やスキャンライン法があり，リアルタイムレンダリングでは前者が使われる。バッチレンダリングでは後者も用いるが，後述するレイトレーシングは可視点を求める過程が隠面消去の役割をはたす。

　局所照明は，光源により直接照らされる形状表面の輝度を反射モデルと材質情報に従い計算する。反射モデルには，拡散反射（diffuse）を扱うランバートの

余弦則や，ハイライトをともなう鏡面反射（specular）を実現するフォンのモデルなどがある。これらに加え，大域照明を大まかに近似する環境反射（ambient）と形状自らの発光（emissive）を加味して形状表面の輝度を決定する。

　リアルタイムレンダリングは，形状モデルとしてポリゴン（三角形）を想定し，グラフィックス・パイプラインという一連の処理（大まかには頂点処理・ラスタ化・ピクセル処理）を行う。

　頂点処理では，ビューイングパイプラインという一連の座標変換処理を経てモデリング座標からスクリーン座標に頂点を変換するとともに，使用する反射モデルに従い輝度（RGB値）を三角形各頂点について計算する。ラスタ化は三角形内部の各画素を塗りつぶす線形補間計算を行う。ラスタ化では輝度以外にも奥行のZ値や法線ベクトルやテクスチャ座標（当該頂点に対応するテクスチャ画像内位置）などあらゆる頂点属性を線形補間する。ピクセル処理では，ラスタ化で補間したあとの各画素位置の属性情報（フラグメント）をもとにテクスチャ画像も参照して最終的な輝度を計算する。Zバッファ法による隠面消去もここで実行する。

　レイトレーシングは，視点から各画素を通る半直線（1次レイ）が最初に当たった形状表面の点（可視点）の局所照明輝度を計算し，完全鏡面反射方向やスネルの法則で求めた屈折方向に2次レイを発して再帰的に輝度を求めて累積する手法である。レイとすべての形状モデルとの交差判定を節約して高速化する手法として，k-d木やBVH（bounding volume hierarchy）が使われる。レイトレーシングのフリーソフトとしてはPOV-Rayが知られている。

　大域照明は間接照明を扱うモデルで，ラジオシティ法により最初に実現された。大域照明を厳密に実装した手法は経路追跡法（パストレーシング）である。1次レイは各画素で数百から数千万回発する。2次レイ以降はBRDF（双方向反射分布関数）に従い確率的に反射方向を定め，光源に当たれば輝度評価する。非現実的な処理時間がかかるため，メトロポリス光輸送やフォトンマッピング法に代表される手法により高速化され，現在でも高速化手法は研究されている。

もっと知りたい❗ ➡ 「メディア学大系」**12巻**をご覧ください。

コンピュータグラフィックス　　　　　　　　　　　●執筆者：柿本正憲

形状モデリング

コンピュータグラフィックスの表現技術がどんなに優れていても表示対象のモデルがなければ無意味である。形状モデリングは，クリエーターの創造性を必要とするCGの上流工程である。ゲームや映像の制作だけでなく，日本では製造業のデザイン・設計の現場で非常に多くのクリエーターや技術者が形状モデリングにかかわっている。

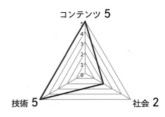

関連キーワード　コンピュータグラフィックス，レンダリング，幾何学的変換

　形状モデリング（または単にモデリング）はコンピュータグラフィックス（CG）処理の最初の段階で，なんらかの情報と人手の操作を入力とし，計算処理により3次元形状モデルおよびそれらの配置結果を出力する過程である。

　形状モデルの主要なデータは空間内の頂点の座標である。このとき使用するモデリング座標系は，一体の形状モデル（例えばキャラクターや機械部品）を作成するのに最適な原点と座標軸をデザイナーが設定する。

　一方で，最終的なCG画像を1フレーム出力するために多数の形状モデルを視点（仮想カメラ）に対して配置する過程もモデリングである。配置の際に設定する唯一の座標系は，ワールド座標系と呼ばれる。配置結果はシーンと呼ばれ，しばしば階層構造を持つシーングラフによって記述される。

　また，各形状モデルの表面の色，材質（反射属性）情報を付与したり，マッピングのためのテクスチャ画像を用意して貼り付け位置（テクスチャ座標）を設定したりする作業もモデリングの過程である。これらはつぎの処理段階であるレンダリングのための入力情報となる。

　さらに，形状モデルに対して動きや変形を可能とする設定情報を付与する場合もある。例えば，キャラクターの関節を指定して，各関節角の可動範囲を設定する作業はリギングと呼ばれる。これらはやはり，つぎの処理段階であるアニメーションの入力情報を受け入れるために必要なモデリングの過程である。

　形状モデルは，ワイヤーフレームモデル（頂点どうしを接続するエッジが存

在する），サーフェスモデル（エッジで囲まれた多角形が存在する），ソリッドモデル（多角形で囲まれた塊が存在する）に大別できる。工業製品設計における形状モデルは，ほとんどの場合ソリッドモデルである。CG でのレンダリングのためには，通常はサーフェスモデルで十分である。

形状モデル表面のデザインでは，少数の制御点と数式により定義される曲面が重要である。CG の形状モデリングにはおもにパラメトリック曲面が利用される。ベジエ曲面は最も基本的な形式である。B-スプライン曲面は広範囲の連続性を保ちつつ変更の局所性を持つ。局所性は，一部の形を修正したとき変更の及ぶ領域が限られる，というデザイン作業上重要な性質である。さらに柔軟性と形状表現範囲を拡張したのが NURBS 曲面（ナーブズ曲面：non-uniform rational B-spline surface）で，工業デザインでは標準となっている。

CG 表示ではポリゴン曲面がおもに用いられる。制御点はなく，細かい多角形を貼り合わせて定義されるサーフェスモデルである。パラメトリック曲面は CG 表示の際，ポリゴン曲面に変換されることが多い。この変換処理はテセレーションと呼ばれる。

以上のほか，応用分野や目的別に，ボクセル表現，フラクタル，パーティクル，メタボール，点群データなど，さまざまな形状モデルの表現形式がある。

● 作らなくてもできちゃうモデリング　　　　　Column

　レーザーで物体表面各点までの距離を計測できる原理を使ったレンジスキャナーにより，形状モデルを取得できるようになった。実物があるのなら，形状モデルを苦労してゼロから作るよりはるかに効率がよい。データドリブンなモデリングと呼ばれ，分野によっては活用されている。例えば，文化財の形を記録し保存するディジタルアーカイブはその一つである。

　じつはデータドリブンな手法は，CG のリアリティを上げるために多くの局面で活用されている。人間の動作を計測するモーションキャプチャはその典型である。物体表面のあらゆる入射角・出射角の反射強度をすべて計測する BRDF（双方向反射分布関数）計測装置は，車の外観のレンダリングに活用されている。

　それでもゼロから形を作るモデリングはなくならない。世の中にないものを作るという価値の創造は，人間の進歩の源泉であり，クリエーターや技術者の存在意義そのものだからである。

もっと知りたい ➡ 「メディア学大系」**12 巻**をご覧ください。

ディジタル画像

●執筆者：柿本正憲

画像は視覚に直接訴える情報であり，古代の壁画以来さまざまな媒体で人間は画像を活用してきた。しかし，1940年代にコンピュータが登場しても50年ほどディジタル画像は普及しなかった。画像には，大量のデータが必要なためである。メモリーが安価になり，ディジタル画像の活用が進んだのは1990年代である。

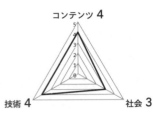

コンテンツ 4
技術 4
社会 3

関連キーワード イメージメディア，動画像処理，コンピュータグラフィックス，可視化

ディジタル画像は，矩形領域の色や明るさを保持するディジタルデータで，画素（ピクセル）を縦横に一定数整列配置して表現することを想定している。縦横の画素の数は解像度と呼ばれる。例えば，フルHDという規格であれば横1920×縦1080の画素からなる。一個の画素は，カラー画像であれば赤・緑・青（光の三原色）の成分，またはサブピクセルと呼ばれる数値データで構成され，それぞれR, G, Bと表記する。

RGBの数値はそれぞれの原色の輝度（光の強さ）を表す。白黒の画像はグレースケール画像と呼ばれ，1画素は一つの成分でその輝度を表す。輝度を表す数値データは，8ビット（8桁の2進数）で表す場合が多い。この場合，光の強さは256段階で表現でき，この段階数を階調と呼ぶ。

RGB各8ビットの場合，1画素は256×256×256通りの色を表現でき，このような画像をしばしばフルカラー画像と呼ぶ。数値がほんの少しでも違う色をすべて数えると約1600万通りの色を表現できることになる。

カメラ撮影やスキャンなど，実世界やアナログ画像をディジタル化する際には2種類の離散化が必要である。標本化はどの場所の輝度を画素に対応させるかを決めることで，量子化は，本来連続的な強さの輝度を何桁かの整数値に丸め込むことである。

標本化では縦横の解像度を定めて，アナログ画像から等間隔に輝度をディジタル化する。一方，量子化はアナログの明るさをA/D変換（アナログ-ディジタル変換）により，決められた階調に従った桁数の輝度に変換する。

図1は，同じ画像に対して解像度を変えて標本化した場合の違いを示す。画素の大きさを一定とすれば，解像度が小さい画像はその分大きさも小さくなる。

図2は，グレースケール画像に対して階調を変えて量子化した場合の画像の違いを示す．図3はカラー画像に対する階調の違いを示す．

解像度 300×200

150×100　75×50　38×25　19×13

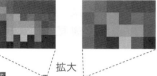
拡大
10×7　6×4

図1　ディジタル画像の解像度の違い

256階調(8 bit)

16階調(4 bit)

RGB各8bit(256³色)

RGB各4bit(16³色)

4階調(2 bit)

2階調(1 bit)

RGB各2bit(4³)(64色)(4 096色)　RGB各1bit(2³色)(8色)

図2　グレースケール画像の階調の違い　　図3　カラー画像の階調の違い

● 量子化がほぼ無限階調の HDR 画像　　　　　　　　　Column

　実世界では非常に強い光がある．太陽光は夜の星空の光の100万倍といわれている．256階調では，これらを一つの画素で適切に表すことは到底できない．これを解決するのがHDR（high dynamic range）画像である．HDR画像で使う数値は，浮動小数点数という形式の数値データである．一つの画像のなかである画素の輝度が，例えば0.001で別の画素は100 000でも原理的には表現可能である．もちろん最終的な表示ではディスプレイの物理的な階調の制限を受けるので，RGB各256色に変換される．しかし，データをHDR画像として保持すれば，変換の設定（トーンマッピング）を変えることで暗い場所でも明るい場所でも表現可能となる．実写撮影の場合露光を変えて複数回撮影することでHDR画像が得られる．CG制作ではすべての過程で画素を数値計算対象として扱うので，HDRをフル活用することにより強弱の極端に違う画素も正確に計算できる．このようなCG制作方法はリニアワークフローと呼ばれる．

もっと知りたい❓ → 「メディア学大系」**12巻**をご覧ください．

コンピュータグラフィックス

執筆者：竹島由里子

イメージメディアと画像処理

イメージメディアは，写真や映像など画像に関連する媒体である。画像処理は，画像を入力として，画像の見え方を変更したり，新たな特徴を抽出したり，画像を合成・変換したりする技術である。

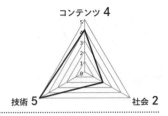

関連キーワード 画素，トーンカーブ，空間フィルタリング，周波数フィルタリング，マスク処理，アルファブレンディング，イメージモザイキング，モーフィング

　ディジタル画像は，画素（ピクセル）の並びとしてコンピュータ内に保存されており，各画素は，R（赤），G（緑），B（青）の3原色を組み合わせた数値で表現されている。画像処理では，これらの画素値に対し，なんらかの演算を行うことで，見え方を変更したり，特徴を抽出したりする。

　画像の見え方は，トーンカーブ，空間フィルタリング，周波数フィルタリングなどにより変更することができる。トーンカーブは，入力値と出力値の関数であり，原画像の画素値を，その値に基づいて別の画素値に変更する。空間フィルタリングでは，対象とする画素とその周りの画素の値から，出力画素の値を求める。フィルタの係数によりその効果は異なり，濃淡の変化を滑らかにする平滑化や，明るさが急激に変化する領域を取り出すエッジの抽出，原画像のエッジ以外の情報を残しながらエッジを強調する鮮鋭化などを行うことができる。周波数フィルタリングは，画像全体の情報をフーリエ変換などにより周波数空間に変換し，そこで処理を施し，再度もとの画像空間に戻す方法である。ローパスフィルタによる低周波成分の除去により，ノイズの除去や平滑化の効果が得られ，低周波成分を除去し，高周波成分を残すハイパスフィルタではエッジ抽出の効果を得ることができる。図は，入力画像（図（a））に，空間フィルタである5×5の平均化フィルタ（平滑化），ラプラシアンフィルタ（エッジ抽出），8近傍の鮮鋭化フィルタ（鮮鋭化）を施した結果である。

　ディジタル画像はピクセルの集合であるため，類似している画像を見つけるためには，なんらかの特徴を抽出する必要がある。画像全体の特徴は，画素値の平均値や分散など統計的特徴量，同時生起行列を用いて画像のテクスチャの特徴量，フーリエ変換後のパワースペクトルなどから求めることができる。画

(a) 入力画像

(b) 平滑化　　　(c) エッジ抽出　　　(d) 鮮鋭化

図　空間フィルタリングの例

像に含まれる点，線，形状などの特徴を抽出する場合は，ハリスのコーナー検出や，ケニーのエッジ検出アルゴリズム，ハフ変換などを用いて計算することができる。

　画像処理では，複数の画像を組み合わせたり，特殊な効果を与えたりすることで，新たな画像を生成することもできる。ある画像の一部分を別の画像と合成する場合には，マスク処理により切り抜きたい領域を指定し，それに基づいて画像の切抜きを行う。マスク処理は，テレビの天気予報などでよく使用されているクロマキー合成などで用いられている。複数の画像を半透明にして重ね合わせるアルファブレンディングは，映像の切替え時に用いられることが多い。複数の画像をつなぎ合わせてパノラマ写真を作成するイメージモザイキングや，ある画像を別の画像に変換するモーフィングでは，各画像から特徴点を検出し，それらを基準に合成および変換を行う。

　ディジタル画像のデータ量は，画素数および色数によって変化する。画素数や色数が多い画像ほど解像度は高くなるが，データ量も増加する。そのため，一般的な画像ファイルでは，データ量を削減するために圧縮処理が行われる。代表的な画像ファイルフォーマットである JPEG では，周波数信号の偏りを利用した離散コサイン変換が用いられ，細かい変化を表す高周波成分をどの程度削除するかにより，圧縮率を制御している。

もっと知りたい ➡ 「メディア学大系」**15巻**をご覧ください。

コンピュータグラフィックス　　　●執筆者：竹島由里子

コンピュータビジョン

コンピュータビジョンは，コンピュータ内で画像を処理することにより，人間の視覚と同等の処理を実現する技術である。

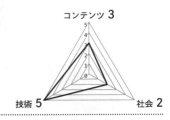

関連キーワード　テンプレートマッチング，顔検出，顔認識

　人間は，視覚から多くの情報を獲得している。例えば，道路を横断するときには，信号は何色なのか，車は来ていないのか，対面から人は歩いて来ていないのかなどを，網膜に映った画像から瞬時に判断している。一方，コンピュータでは，同様の画像が得られたとしても，それらはピクセルの集まりに過ぎないため，画像の解析を行って，人間が必要とする「情報」を抽出する必要がある。このように画像を解析し，意味づけを行う技術がコンピュータビジョンである。コンピュータビジョンは，近年のロボット工学の発展や，KinectやGoogle Glassのような新型デバイスの普及により，年々研究が活発化している。

　最も身近な例は，顔が映っている位置を自動で抽出する，スマートフォンなどのカメラにある顔検出機能である。最も単純な方法は，テンプレートマッチングである。この方法では，顔画像のテンプレートを用意し，入力画像を1画素ずつずらしながら順に走査していくことにより，テンプレートに近い領域を探索する方法である。テンプレートに似ているかどうかは，画素値の差などから算出される。図にテンプレートマッチングの適用例を示す。図 (a) の入力画像に対し，図 (b) のテンプレート画像を用いて，画素値の2乗和が小さくなる領域を抽出した結果を図 (c) に示す。図 (b) のテンプレート画像は，図 (a) の矩形領域から切り出したものである。テンプレートマッチングでは，1画素ずつずらしながら入力画像とテンプレート画像の比較を行うため，計算負荷が高い。また，テンプレートのサイズや画質などによる影響も大きく，検出精度はあまりよくない。ViolaとJonesは，2001年に大量の顔画像および顔ではな

　（a）　入力画像　　　　（b）　テンプレート画像　　　　（c）　抽出結果
図　テンプレートマッチングの適用例
〔入力画像は http://www.iconpon.com/ の画像素材を利用〕

　い画像を機械学習させ，人間の顔が持つ特徴量を抽出した。この方法においても，画像を順に走査しながら特徴量を抽出し，顔かどうかの判定を行う。ここで，特徴量をグループ化し，それらを順に適用することで，あるグループの基準を満たさなかった時点で，顔ではない領域として判断する。これにより，画像全体に対し，すべての特徴量を算出する必要がなくなり，高速に顔領域を検出することができるようになった。

　画像から各個人を特定する顔認識においても，さまざまなアルゴリズムが提案されており，その一例として，目や鼻，口の相対的位置などの特徴量を抽出し，これらと一致する特徴があるかどうかで識別する方法が挙げられる。顔認識技術は，顔認証による防犯システムや，どのような年代，性別の人が購入しているかなどを調べるマーケティング，だれが映っているかといったカメラ画像へのタグ付けなど，幅広く利用されている。

　近年では，人間の顔以外の物体についても認識技術が進んでおり，動きの検出技術と合わせて，運転支援技術や工場での自動検査技術など，さまざまな分野で利用されている。また，入力された画像から3次元形状を推定することにより，足や腕の可動量を制御することでロボットを移動させたり，物体との接触判定を行ったりすることも可能である。

もっと知りたい❢　➡　「メディア学大系」**15巻**をご覧ください。

コンピュータグラフィックス ● 執筆者：竹島由里子

動画像処理

動画像処理は，動画像を解析することにより，移動物体の検出や，その物体の識別，追跡などを行う技術である。

関連キーワード　フレームレート，動き補償フレーム間予測，コーデック，差分法，オプティカルフロー

動画像は静止画の集合として考えることができ，1秒間に複数枚の静止画を切り替えて表示を行っている。1秒間に表示される静止画の枚数はフレームレートと呼ばれ，フレームレート数が高いほどちらつきが少なくなる。撮影時間が長くなるにつれ，動画像ファイルのデータ量は膨大になるため，圧縮して保存される。動画像を圧縮するための符号化アルゴリズムはコーデックと呼ばれ，これにより変換後の画質や音質が決定付けられる。動画像では，隣接するフレーム間の画像が類似していることから，物体の動きを予測して符号化を行う動き補償フレーム間予測と，静止画と同様にフレーム内の冗長性に基づいて圧縮が行われる。代表的な映像コーデックには，H.264，Xvid，DivX，MPEG-4，音声コーデックには AAC，MP3，WAVE などがある。圧縮された映像や音声を保存するファイル形式としては，AVI，MPEG，MP4，MOV などが挙げられるが，使用できるコーデックはファイル形式によって異なる。また，プレーヤーがファイル形式に対応している場合であっても，圧縮に利用したコーデックが入っていない場合は再生することができない。

動画像処理の代表的な目的として，移動物体の検出や認識，その追跡などが挙げられる。具体的には，監視カメラ画像の解析やロボットビジョン，テレビ番組におけるクロマキー合成などで利用されている。移動物体を検出する方法には，背景画像やフレームどうしの差を求めることにより移動物体を抽出する差分法や，物体の移動方向を表すオプティカルフローを求める方法がある。背景が変化しない場合には，あらかじめ背景画像を取得しておくことにより，対象となるフレームから背景画像を引くことにより，移動物体を検出することができる（背景差分法）。移動物体が存在しない背景画像の取得が難しい場合は，

隣接するフレームどうしで差を取ることにより，移動物体を求めることができる（フレーム間差分法）。図1にフレーム間差分法のイメージ図を示す。自然を背景とした場合は，風の影響などで背景が変化してしまうため，画素値の定常的な変化を考慮した統計的背景差分法が利用できる。

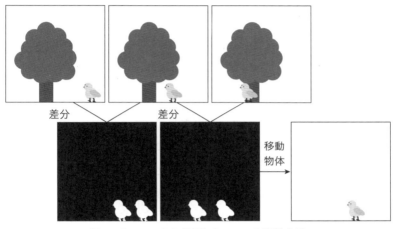

図1　3フレームを利用したフレーム間差分法

オプティカルフローは，画像上の物体上の点の移動方向をベクトルとして抽出する方法であり，ベクトルの長さが長い領域ほど移動速度が速く，短い領域はあまり移動していないことを表す。オプティカルフローを求める代表的な方法として，ある時刻の画像の小領域をテンプレートとして，つぎの時刻の画像に対してテンプレートマッチングを行うブロックマッチング法や，移動後の物体の輝度値は変わらないものとして，空間および時間方向での変化（勾配）を利用する勾配法が挙げられる。図2に，オプティカルフローのイメージ図を示す。

図2　オプティカルフロー

もっと知りたい(!) ➡「メディア学大系」**15巻**をご覧ください。

音声音響　　　　　　　　　　　● 執筆者：大淵康成

音声インタフェース

人とコンピュータとの情報のやり取りのなかで，音声を介して行われるものを音声インタフェースと呼ぶ。人間にわかりやすい声をコンピュータが生成すること，人間の声をコンピュータが理解することの二つが必要である。

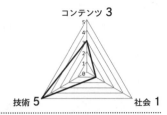

関連キーワード　録音再生，音声合成，明瞭性，自然性，音声認識，クラウド，話者認識，感情認識，意図理解，自然言語処理

人がコンピュータに情報を伝える装置として，キーボードやタッチパネルなどがある。コンピュータから人への情報呈示には，ディスプレイを使うことが多いだろう。しかし，人の手が塞がっているとき，なにか別のものを注視しなければならないときなどには，音声による情報のやり取りが有効である。

定型フレーズの音声出力インタフェースは，録音音声の再生のみで可能であり，古くからさまざまな場面で用いられてきた。「洗濯が終わりました」というメッセージを再生する洗濯機や，「メッセージをどうぞ」という留守番電話装置などである。しかし，より複雑なメッセージを再生しようとすると，録音再生だけでは限界があり，テキストをその場で音声に変換する，音声合成技術が必要とされるようになってきた。

例えばカーナビゲーション装置では，数十万から数百万に及ぶ施設名称のデータを保持しており，それらすべてを読み上げた音声データを保存すると，かなりの容量になる。これに対し，テキスト情報だけを保持しておき，再生が必要になったときに音声を合成することにすれば，データサイズを大きく削減できる。また，ニュースやメールの読み上げなど，新たに入ってくる情報を提供したい場合には，事前に読み上げ音声を用意しておくことはできず，音声合成が不可欠となる。

インタフェースとしての音声合成では，なによりも言葉の明瞭性が重視される。しかし，近年の音声合成システムは，明瞭性の点ではほとんど不満のない

レベルに達しており，自然性の向上や，話者の個人性の再現，感情音声の生成などに興味が移りつつある。

　人からコンピュータへの音声入力インタフェースでは，音声認識がほぼ不可欠である。2000年ごろから実製品でも使われるようになってきた音声認識インタフェースは，スマートフォンに代表されるクラウド音声認識の発展により，急速に活躍の機会を増やしてきている。従来は，雑音環境下での性能が不十分だったこともあり，マイクと口を近づけての発声が必須だったが，近年は遠隔音声認識の性能も向上している。また，音声認識をボタンで起動しなくても，マイクがつねに音を取り込んでおり，特定のコマンドを発声するだけで音声認識を起動できる方式も実用的になりつつある。こうした技術を背景に，スマートフォンだけではなく，家庭用据置型スピーカ装置などでの音声入力インタフェースも，欧米を中心に普及しつつある。

　音声入力インタフェースでは，言葉の内容を聴き取る音声認識だけでなく，だれが話したかを認識する話者認識や，話者の感情を推定する感情認識なども実用化が進んでいる。話者識別の精度は，指紋認証や静脈認証，虹彩認証などには及ばないものの，ユーザの心理的負担が小さいことから，セキュリティリスクの低い場面では有効である。

　音声入力インタフェースのメリットの一つは，それぞれの機械に特有の使い方を覚えなくても，ユーザが思いついたことを言葉にするだけでよいということである。しかし，このメリットを活かすためには，ユーザの発した任意の文を分析し，その意図を理解するソフトウェアを実現する必要がある。こうした分野では，音声処理と自然言語処理の融合がますます求められているといえる。

● 声による個人認証システムを騙す　　　　　　　Column

　声による個人認証システムは，別の場所で録音したその人の声を使うと，簡単に破られる。それを防ぐために，認証用の言葉をその場で指定する「テキスト独立型話者認識」が用いられる。しかし，個人性の再現性能が高い音声合成システムを，その人の声のデータで学習させれば，テキスト独立型話者認識でも破られてしまう可能性が高い。技術の発展はときに思わぬ副作用をもたらすものである。

もっと知りたい❓ ➡「メディア学大系」**13巻**をご覧ください。

音声音響　　　　　　　　　　　　　　● 執筆者：相川清明

音声信号処理

音声信号処理には音声特有の方法が用いられる。発声の仕組みに関係した方法，人の音声知覚特性に基づくものなどである。大きく分けて，音声の分析に関係した方法と音声の合成に関係した方法がある。

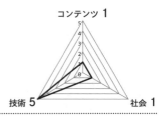

関連キーワード　音源，声道，線形予測分析，ケプストラム，フーリエ変換，ユークリッド距離，cos 類似度，Kullback-Leibler divergence，基本周波数，HMM 音声合成

音声信号処理の研究課題には，音声分析の分野においては，基本周波数推定，有声無声判定，スペクトル推定，音声区間検出，雑音除去，感情特徴抽出，話者特徴抽出，韻律抽出，複数話者の分離などがある。また，音声合成の分野では，自然な抑揚の生成，感情や話者特徴の創出や歌唱音声合成などの研究課題がある。特殊な分野として，歌唱を含む音楽からの楽器演奏音や歌唱の分離，音声による発声器官の疾患の検出などがある。また，最近では危機対策などの目的で非日常音の検出などの研究も行われている。

音声には母音と子音がある。母音や子音は音素と呼ばれ，母音「あ」は /a/，音節「ま」の子音部分は /m/ のように表される。母音は声帯の開閉にともなって発生するインパルス状の気流を音源とし，それを鼻腔と口腔からなる声道を通過させることにより生成される。声帯で発生する断続音を有声音源と呼ぶ。鼻音と呼ばれる /m/，/n/ なども声帯を音源とする音である。これに対し，「サ」を形成する子音 /s/ や「ハ」を形成する子音 /h/ では声帯は動かず，口のなかや歯の間を流れる気流から発生する不規則な音が音源となっている。このように声帯振動をともなわない音源を無声音源と呼ぶ。

発声の仕組みに対応した音声スペクトル分析法として線形予測分析がある。直前の音声信号時系列の線形結合（1 次式）からつぎの音声信号値を予測するフィルタとして表され，声帯振動から音声が生成される仕組みの逆となっている。すなわち，線形予測フィルタの逆フィルタが，声帯から発生する音源波形

から音声を生成する仕組みに対応する。

　もう少し詳細に述べると，線形結合の係数である線形予測係数は実際の信号値と予測値の二乗誤差が最小になるように求められる。予測誤差のスペクトルは平坦であるので，予測誤差を求めるフィルタの逆フィルタは，平坦なスペクトルから音声を生成するフィルタとなっている。

　音声分析には，対数スペクトルの逆フーリエ変換であるケプストラムが用いられることがある。λ を正規化角周波数とすると，対数スペクトル $\log(X(\lambda))$ は k 次のケプストラム係数を c_k として，つぎのような cos 展開で表される。

$$\log(X(\lambda)) = \sum_{k=-\infty}^{\infty} c_k \cos(k\lambda)$$
$$-\pi \leqq \lambda \leqq \pi$$

　音声スペクトルには声の高さにあたる基本周波数の整数倍の周波数に倍音（高調波）が規則正しく並ぶ。したがって，対数スペクトルの周波数分析にあたるケプストラムを用いて基本周波数を推定できる。

　スペクトルの類似性は周波数分布の各周波数の差の二乗平均値によるユークリッド距離，周波数分布を多次元ベクトルとみなしてベクトルの角度 θ を測る cos 類似度などがある。二つのベクトルを a, b，内積を dot で表すと，cos 類似度は以下の式により与えられる。

$$\cos\theta = \frac{\text{dot}(a, b)}{\sqrt{\text{dot}(a, a) \times \text{dot}(b, b)}}$$

　このほか，スペクトルの類似性など，確率密度関数の類似性を測る尺度として Kullback-Leibler divergence がある。

　また，周波数軸の座標軸を線形スケールから音の高さの感覚に基づくメルスケールへの変更に伴う信号の変換，スペクトルの変化特徴の抽出などがある。

　音声合成においては，HMM（隠れマルコフモデル）に基づく方法が活発に研究されている。

───────────────────────────

もっと知りたい❗ ➡ 「メディア学大系」**4巻**，**13巻**をご覧ください。

音声音響　　　　　　　　　　　　　　　● 執筆者：相川清明

音声認識

人が話す内容はだれにでも聞き取れるが，コンピュータで認識するのは難しい。歴史を振り返りながら，音声認識の難しさとそれをどのように克服してきたかを解説する。

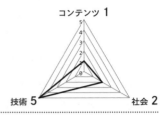

関連キーワード　HMM，DTW，DNN，母音，子音，音響モデル，言語モデル，サーチ，WFST

音声認識とは，コンピュータなどにより人の音声を文字に変換する技術である。音声認識にはいろいろな難しさがあり，音響モデル，言語モデル，高速サーチ，耐雑音性，未知語・不要語対策などの分野で活発に研究が行われている。関係の深い分野として機械学習，自動翻訳，音声対話，音声検索，話者認識がある。

音声には以下のような特徴や問題点があり，音声認識を難しくしている。

① 男性，女性，子供で声に違いがある。また個人差もある。

② 周囲の騒音が音声に混在してしまう。

③ 言い直し，言い淀み，言い間違い，「えーと」などの不要語が含まれる。

④ 母音や子音は，前後の母音や子音の影響（調音結合）を受けて変化する。

外国語を理解するには辞書や文法書が必要であるのと同様に，音声認識には発音記号が記載された辞書にあたるもの，言葉のつながりの規則が記載された文法書にあたるものが必要である。裏返して考えれば，辞書にない言葉は認識できない。辞書にない言葉を未知語と呼び，未知語が含まれていても認識ができるようにするための研究が行われている。

音声は連続的に発声される。母音や子音の特徴は周波成分分布やその時間的な動きにより表されるので，周波数分布を求めるスペクトル分析を時間的に繰り返して音声認識を行う。音声認識の初期においては，数字やアルファベットの認識が限度であった。この技術を1981年に実用化したものとして，数字と「はい」，「いいえ」などのキーワードの認識を用いて銀行の残高照会を行うNTT

の ANSER がある。

1970 年代の米国 ARPA（Advanced Research Projects Agency）の音声理解プロジェクトが行われ，音声認識研究が本格化した。

初期の音声認識は，テンプレートマッチングと呼ばれる基準音声との近さに基づく方法であった。このために，スペクトルどうしの近さを測る距離やひずみ尺度が研究された。ここで問題になるのが，人により，あるいは話す速度により，音声中の母音や子音の時間の取り方がまちまちなことである。このために，音声全体として同様のスペクトル系列になっていることを照合するため，局部的に時間伸縮して照合する方法が必要であった。テンプレートマッチングに基づく方法でよく用いられた音声認識方法は DTW（dynamic time warping）と呼ばれる方法である。別名は DP マッチング（dynamic programming）である。その後，人により音声特徴が異なるため，マルチテンプレート方式などが提案され，さらに音響特徴の統計分布に基づく方法に進化した。

IBM を中心に音響特徴の統計分布を使用できる隠れマルコフモデル（HMM：hidden markov model）を用いた研究が行われた。1997 年に発売された音声認識パッケージソフト Via-Voice により，2 万単語の語彙を含む自然に発声した音声を高い精度で認識できるようになった。

音声認識には，文法に相当する言葉のつながりの規則が必要である。現在の音声認識では，新聞や Web から膨大な文章を収集し，そのなかの単語の連鎖の確率を求めた統計文法をおもに用いている。

1990 年ごろ，音声認識の分野のおいても，ほかの分野と同様ニューラルネットを用いた研究が幅広く行われた。2010 年ごろから大規模な記憶装置と高速の計算機の発達にともない，再び深層構造を持ち得るニューラルネットが見直されて，膨大なデータから深層構造を学習する DNN（deep neural network）を用いた音声認識が盛んに研究されるようになった。

このほか，音声認識と機械翻訳を結び付けられる拡張性を持つ WFST（weighted finite state transducer）も研究されている。

もっと知りたい(!) ➡ 「メディア学大系」**13 巻**をご覧ください。

音声音響　　　　　　　　　　　　　　　●執筆者：大淵康成

音声合成

音声合成とは，コンピュータなどの機械によりテキスト情報を音声信号に変換する技術である。正しく読むための知識処理や，綺麗に読むための信号処理の技術が求められる。

関連キーワード　韻律情報，分析合成，波形接続，隠れマルコフモデル（HMM），深層学習，歌声合成

　コンピュータ間での情報のやり取りでは，言葉はテキスト情報として扱われることが多い。日本語であればカナ漢字混じりのテキスト，英語であれば単語に分かち書きされたアルファベットということになる。しかし，こうした言語情報を，音としてユーザに提供したい場合，テキストから音声への変換（text-to-speech：TTS）が必要になる。この変換プロセスを音声合成と呼ぶ。

　音声合成は，「読み付与」，「韻律付与」，「波形合成」の三つのステップからなる。読み付与は，与えられた文字列を発音記号に変換するステップである。日本語であれば，漢字にフリガナを振る作業に相当する。その際，同じ漢字でも文脈によって読みが異なるケースもあり，ときに高度な知識処理が求められる。また，カナから発音記号への変換にも，一部例外処理が必要なケースもある。英語では，発音辞書を利用して単語表記から発音記号への変換を行うが，ある単語が複数の発音を持つケースもある。

　韻律付与は，発音記号列に対して，ピッチや継続長などの情報を付加するステップである。発音記号（音素）が決まればスペクトルの概形は決まるが，韻律情報は一意には決まらない。また，韻律情報は文脈の影響を受けやすいことから，ある音素のピッチや継続長を決める際には，前後の数単語の情報も考慮に入れた方式が必要となる。

　波形合成のステップでは，発音記号列と韻律情報をもとに，実際に出力する音声波形データを生成する。合成音声の音質に直接影響するパートであり，IT

技術の発展とともに，いくつかの特徴的な方式が用いられてきた。初期の音声合成では，分析合成という方法が用いられた。これは，人間の声の生成プロセスをモデル化し，声帯振動による音源生成と，声道特性による共振とを計算によって再現するものである。これに対し，波形の生成をその場では行わず，あらかじめ録音しておいた波形を切り貼りすることで出力波形を生成してしまうのが，波形接続方式である。この方式では，切り貼りのもととなる素片のなかでは自然な声を再現できるが，素片と素片をつなぐ部分が不自然になってしまうという問題があった。しかし，コンピュータの処理能力の向上などにより，大量の素片のなかから，接続の不自然さを極力減らすような組合せを選ぶことが可能になった。さらに近年では，大量の音声データを隠れマルコフモデル（hidden Markov model：HMM）としてモデル化し，与えられたテキストから HMM のパラメータを推定して音声波形を合成する HMM 音声合成が広く使われるようになってきた。HMM 音声合成は，分析合成と同じようなパラメータからの波形生成に基づく方式であるが，パラメータの表現能力が各段に向上しており，波形接続方式に遜色のない音質を実現している。また，パラメータに基づく方式であるため，感情表現などの調整が簡単にできるというメリットもある。

さらに最新の研究では，HMM のパラメータから波形を合成する部分を改良するために，深層学習（ディープラーニング）を使い，テキスト入力から直接波形を生成する方式も提案されている。

● 歌声合成　　　　　　　　　　　　　　　　　　　　　　　　　　　　Column

音声合成の技術を使えば，話し言葉だけでなく，歌声を合成することもできる。歌声は，話し言葉よりも幅広い音域を使っており，そうした声を滑らかにつなぐための技術が必要になる。また，テンポに合わせた歌詞のタイミング調整や，ビブラートのような微妙なピッチ調整など，歌声ならではの技術もある。こうした技術的問題を乗り越え，vocaloid（商品名：初音ミク）などの歌声合成ソフトが発売され，それらを用いて作った歌声の作品が，動画共有サイトなどに多数投稿されるようになった。音声合成ソフトが，「自然で明瞭な声を自動的に生成すること」をひたすら目指したのに対し，歌声合成ソフトには「自動的に良い歌声を生成しつつ，ユーザによる表現の余地を残していること」が求められ，結果としてまったく新しい音楽表現のジャンルを生み出すことになった。

もっと知りたい🖉 ➡「メディア学大系」**13巻**をご覧ください。

音声音響　　　　　　　　　　　　　　　●執筆者：大淵康成

音響インタフェース

コンピュータが，人間を含む自然界との間で情報をやり取りするなかで，音は重要な役割を持つモダリティの一つである．情報提供のための音出力装置と，センサとしての音入力装置について述べる．

関連キーワード　ディジタルオーディオ，サラウンド再生，ラインアレイ，パラメトリックスピーカ，トランスオーラル再生，接近警告音，指向性マイク，打音検査，ソナー

機械からの音の出力は，蓄音機の発明以来のオーディオ装置に起源を持つ．現代のディジタルオーディオ技術も，より良い音質で音楽を聴かせるために開発されたものが多い．その代表が，ステレオ再生の発展としてのサラウンド再生技術であろう．その代表的な配置である5.1チャンネルサラウンドでは，ステレオ再生の左右スピーカに加え，前後の方向感も感じられるようにするための後方スピーカや，前方中心の音に特化したスピーカ，さらに低周波数の音をより良く聴かせるためのサブウーファーを用いる構成になっている（図）．

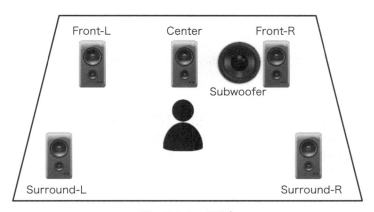

図　サラウンド再生

スピーカからの音の再生では，複数のスピーカ素子を並べて音の直進性を高めるラインアレイスピーカも，屋外のライブなどでよく用いられる．また，複数のスピーカからの音の伝達特性を逆算して，特定の位置で特定の音が聞こえるようにする，トランスオーラル再生という技術も存在する．さらに，直進性

が高い超音波の変調を利用して，特定の方向にいる人にだけ音を聞かせるパラメトリックスピーカという方式もある。

音の再生は，音楽だけでなく，機械からのメッセージの伝達にも用いられる。家電製品からは，タッチパネルの操作音や，動作終了の確認音などが流れる。街中では，信号機から流れる音のように，視覚障がい者への重要な情報伝達手段として音が使われているケースも多い。また最近では，エンジン音を出さない電気自動車やハイブリッド自動車が，歩行者に気付かれにくく危険だとして，接近警報音と呼ばれる音を発する機能の搭載が義務付けられている。

一方，機械に音を取り込むには，さまざまなタイプのマイクロフォンが使われる。特定の方向の音を取り込む単一指向性マイクと，全方位からの音を取り込む無指向性マイクは，録音の目的に応じて使い分けられる。また，無指向性マイクを多数並べたマイクロフォンアレイと信号処理の組合せにより，自由に指向性を調整することもできる。

音の取込みの目的としては，音楽録音や音声通話などがすぐに思い浮かぶが，そのほかにもさまざまな用途がある。コンクリートなどを叩いたときの音を聞いて劣化度合いを推定したり，アスファルトの下から聞こえてくる音で水道管の水漏れを見つけたりといったことも行われている。そのほかにも，病院で行われる聴診器を使った診断も，音のインタフェースの一つといってよいだろう。医療現場では，超音波によるさまざまなエコー診断装置も使われている。また，水中を伝わる音を用いる例としては，潜水艦を探知するためのソナー装置などもある。

なお，機械と人との情報交換のなかでも特異な役割を果たしているのが音声であるが，それについては本書 p.100 の「音声インタフェース」を参照されたい。

● 緊急地震速報の音　　　　　　　　　　　　　　　　　　Column

地震の初期振動をいち早く捉えることにより，強い振動が伝わる前に警告を発することができる。突然の警告を伝えるには音を使うのが最適であり，そのために専用の警告音がデザインされた。現在用いられている警告音の選定にあたっては，多くの人にとって緊急性を感じさせることや，軽度の聴覚障がい者でも聞き取れること，ほかの場面で聞く音に似ていないことなど，さまざまな要素が検討された。

もっと知りたい! ➡ 「メディア学大系」**13**巻をご覧ください。

メディア学

映像制作

アニメーション

ゲーム

シミュレーション

視覚情報デザイン

コンピュータグラフィックス

音声音響

109

音声音響　　　　　　　　　　　　● 執筆者：大淵康成

音響信号処理

マイクで取り込んだ音の情報から、さまざまな演算によって隠れた情報を取り出すことができる。また、スピーカで鳴らす音の情報を、あらかじめコンピュータで加工しておくことにより、聞こえ方を自在に操ることができる。

関連キーワード　スペクトルサブトラクション、マイクロフォンアレイ、ビームフォーマ、ブラインド音源分離、独立成分分析、非負値行列因子分解、音場制御、アクティブノイズコントロール、トランスオーラル、ラインアレイ、パラメトリックスピーカ

　人間が聞き取れる高さの音では、おおむね重ね合わせの原理が成り立つ。マイクで観測される音は、複数の音源から到来する音の和である。逆に、複数のスピーカから発せられた音は、聴取者の耳の位置での和として聞こえる。この性質を利用し、マイクに入ってきた音を複数の成分に分解したり、複数のスピーカの音をコントロールして聴取者に聞こえる音を調整することができる。

　マイクからの音に対する処理で最も重要なものは、雑音の除去であろう。たとえマイクが一つしかなくても、雑音が定常的なものであれば、ある時間に観測した雑音のスペクトル情報をもとに、その後の信号から雑音だけを減算することができる。そうした処理はスペクトルサブトラクションと呼ばれる。単純な引き算の代わりに、雑音と目的音とを確率モデルとして扱い、それぞれの確率分布を逐次的に推定する方法も数多く提案されている。

　複数のマイクを並べた装置はマイクロフォンアレイと呼ばれる。マイクロフォンアレイを使える場合には、できることはずっと増える。隣接するマイク間で音源からの距離が異なることを利用して、特定の方向からの音が同相になって強め合い、それ以外の方向からの音の位相がずれて弱め合うようにする、遅延和ビームフォーマが代表的な方式である。そのほか、特定の方向からの雑音だけを取り除く減算型ビームフォーマや、音を聞きながらマイク間の調整を行う適応ビームフォーマなどもよく用いられる。また、マイク間の位置関係がわかっていない場合でも、複数の入力信号だけから複数の音源の信号を分離する

ことができる。こうした枠組みはブラインド音源分離と呼ばれ，独立成分分析や非負値行列因子分解などが代表例である。また，マイクとスピーカをあわせ持つシステムでは，自らがスピーカから鳴らす音の信号を第一の入力，マイクで得られた信号を第二の入力として，スピーカからマイクへの回り込みの成分を除去する，いわゆるエコーキャンセラが重要な役割を果たすことになる。

　複数のスピーカで鳴らす音をコントロールすることで，音の聞こえ方を調整する仕組みは，音場制御と呼ばれる。代表的な音場制御方式は，ステレオ再生およびサラウンド再生であろう。これらは，複数のスピーカを並べ，おもにそれらの相対的な音量を調整することによって，特定の方向から音が聞こえるように感じさせるものである。5.1 チャンネルサラウンドと呼ばれる方式では，音場制御の仕組みに，サブウーファーを使った音質の制御を組み合わせている。

　アクティブノイズコントロールと呼ばれる方式では，聴取者の耳の位置で鳴っている雑音の波形を推定し，それをマイナス 1 倍したもの（各周波数成分で見ると位相が 180 度ずれていることから，逆位相とも呼ばれる）を別のスピーカから鳴らしてやることにより，雑音が聞こえないようにする。ただし，スピーカの位置から耳の位置までの伝達特性を補償する必要があり，完璧な雑音除去は難しい。また，複数のスピーカから出た音が複数の聴取位置に伝わるまでの伝達特性をもとに，複数の位置で聴かせたい音の波形から逆算してスピーカの音を決めることもできる。これはトランスオーラル再生と呼ばれる。

　特定の方向にいる人だけに音を聴かせたい場合にも，音響信号処理は有効である。遅延和ビームフォーマの原理を逆転させ，複数のスピーカで鳴った音が正面方向だけで強め合う性質を活用したのがラインアレイスピーカで，屋外のイベント会場などでよく用いられている。また，可聴音よりはるかに高い周波数の超音波は直進性が高いことを利用し，可聴音の周波数で超音波を変調させ，聴取者には可聴音が聞こえるようにした，パラメトリックスピーカと呼ばれる装置も存在する。

もっと知りたい❓ ➡ 「メディア学大系」**13 巻**をご覧ください。

音声音響　　　　　　　　　　　　　　　　　　● 執筆者：相川清明

聴覚信号処理

聴覚はきわめて高性能の信号処理システムである。感じられる音の大小の幅は広く，電気回路に比べてはるかに低速の神経系により高精度時間差計測が行われ，二つの耳で左右だけでなく上下の音の到来方向がわかるなど興味深い。

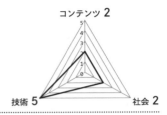

関連キーワード　音圧レベル，デシベル，最小可聴値，等ラウドネス曲線，頭部伝達関数，マスキング，臨界帯域，ERB，ハース効果

聴覚信号処理の研究課題としては，音色や和音などの複合音の知覚，音の変化，音源の方向，時間間隔などの知覚の分析などがある。このほか，視覚における錯視にあたる音の錯覚などがある。コンピュータや計測装置の性能の向上にともない，精度の高い計測ができるようになった。一方，コンピュータを用いることにより，より複雑な構造や変化を持つ音や映像が作成できるようになり，それらが人にどのように受け取られているかを分析する必要も出てきた。

音は，鼓膜から内耳に伝わり，内耳中の基底膜を振動させる。これにより，基底膜に分布する有毛細胞が刺激され，神経インパルスを発生する。基底膜において，低い周波数成分ほど蝸牛の奥まで伝わるので，基底膜は一種の機械的なフィルタとなっている。有毛細胞で捉えられた信号は，4層の神経回路を経て大脳聴覚野に達する。4層の神経回路を経ることにより，周波数分解能は鋭くなる。大脳聴覚野では，周波数軸のように各周波数に反応する神経が規則正しく並んでいる。外耳道に音が入る前に，音は耳介や頭髪など，耳周辺の形状や生体の材質の影響を受けて，一種のフィルタがかかった音となる。このフィルタの周波数特性は頭部伝達関数と呼ばれている。頭部伝達関数の影響により，左右方向だけでなく上下方向の音の到来方向の知覚が可能となる。

音源の方向の推定は，聴覚神経系初段のオリーブ核付近における梯子のような神経回路により行われる。2本の支柱にあたる部分に左右の耳からの神経活動が逆方向に流れてきて，梯子の足をかける段にあたる部分のどの位置で左耳からの信号と右耳からの信号が出会うかにより時間差を求める。

ピアノの鍵盤において白鍵八つ分にあたるドからつぎのドまで，すなわちオ

クターブの周波数比は2倍である。ピアノの鍵盤はオクターブが等間隔で並んでおり，対数周波数軸と見ることができる。ピアノの音の変化は自然に感じられるので，音の高さの感覚はおおむね対数的であるといえる。

　聴覚的な周波数軸として，音の高さの感覚に基づいたメル，マスキング現象の臨界帯域に関係したバーク，ERB（equivalent rectangular bandwidth）などがあるが，いずれも可聴帯域中央部では対数に近い。音量の感覚も対数的である。人が聴くことができる最小の音圧は20 μPa（マイクロパスカル）で，最小可聴値とよばれる。この音圧との比率の常用対数を取り，さらに20倍した値を音圧レベル（SPL：sound pressure level）と呼ぶ。単位はdB（デシベル）である。人が聴くことができる音の大小の幅は100dBにも及ぶ。すなわち，100億倍もの音量の違いがあっても聞き取ることができる。

　1kHzの音を基準として，同じ大きさに聞こえる音圧を低周波から高周波まで求めて結んだ曲線を等ラウドネス曲線と呼ぶ。人は2kHzから4kHz近辺が最も感度が高く，低周波と高周波では音圧レベルを上げないと同じ大きさに聞こえない。音が聞こえにくい症状を難聴という。難聴には2種類あり，音の伝達経路に音が伝わりにくい部分がある伝音性難聴と，内耳の感覚神経の働きに障害がある感音性難聴がある。伝音性難聴の場合には，耳近辺の骨に音振動を与えて内部まで伝える骨導音を用いた補聴器がある。

　音の到来方向を捉えるため，聴覚は左右の耳に入る音の音量の違いと時間差の両方を使っている。音が遅れていないほう側に音源があるように感じる。これはハース効果と呼ばれ，広い場所での音響設備の設置に極めて大切である。両耳聴に関係してオクターブ錯覚やカクテルパーティ効果など，興味深い現象が報告されている。

● メンフクロウの耳の位置はなぜ左右で異なるのか　　Column

　人は左右に耳があるので，左右方向でどちらから音が来たのかがわかる。上下方向も頭部伝達関数の影響で，ある程度は音源の方向がわかる。これに対して，メンフクロウは左右の耳の位置がわずかに異なる。これで，上下方向の音源方向もわかりやすくなると考えられている。

もっと知りたい❗ ➡「メディア学大系」**15**巻をご覧ください。

音声音響　　　　　　　　　　　　●執筆者：相川清明

視聴覚情報処理

視覚と聴覚は独立の感覚のように思われるが，実はお互いに関係しあっている。また，聴覚での音の表現に「明るい」，「かたい」のように，視覚や触覚の表現が用いられることがあり興味深い。

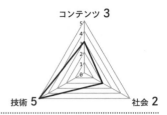

関連キーワード　マガーク効果，共感覚，同期，サウンドスケープ，効果音，BGM，擬音，視聴覚相互作用

視覚と聴覚では神経系の情報処理速度に差があることは，通常は気づかない。しかし，動画と音の時間差を変化させ，両刺激が同時かどうかという同期感を調べてみると，音を60ms程度遅らせたほうが高い同期感が得られる。これは，視覚神経系のほうが聴覚神経系よりも情報処理に時間がかかるからである。画像と音では画像のデータ量のほうが多いので，コンピュータにおいて処理に時間がかかることに類似している。また，視覚は，聴覚の相互作用だけでなく，体の動きの感覚とも関連がある。ゲームなどで，画面の動きによって船酔いのような感覚を持つことがある。

音と動画は同時に用いられることが多い。アニメも含めてTV映像や映画には人のせりふ以外の音楽や効果音が用いられている。使用目的として以下のようなものがある。

① セミの声などで季節感を表現する。
② 視聴者にこれから起こることへの期待感や警告を与える。
③ 時計の音などで静寂感を表現する。
④ 発話者の感情や心の状態を強調する。
⑤ スピード感や状況展開の緊急性などを表現する。
⑥ 状況，場面の転換を示唆する。

以上は，音が急に無音になる場合も含む。また，映像のないラジオドラマなどでも当てはまるものが多い。逆に音楽に視覚的な表現の映像を付加した作品

もある。音楽再生ソフトにおける「視覚効果」も関係がある。

　視覚と聴覚で同じ種類の感覚を持つことを共感覚と呼ぶ。「黄色い声」のように，音で色を感じるような例がそれにあたる。また，ホルンの音が穏やかな印象を与えるように，楽器の音色そのものが印象に関係することもある。

　音だけで視覚的な情景を思い浮かべることがある。音と動画や静止画の適合性を調べた研究によると，どんな画像とも適合してしまう音もあれば，特定の情景としか適合しないような音もある。例えば，雨の音と同時に林の画像をみせると，風の音に聞こえてしまう場合がある。音の組み合わせによって視覚的な情景が明確化することもある。例えば，砂浜に波が打ち寄せる音と子供のはしゃぐ声を混合すると，夏の海の情景を思い浮かべる。しかし，同じ波の音と風の音を混合すると冬の海の情景を想起させる。音により表現される情景はサウンドスケープと呼ばれる。

　箱に豆を入れて傾けたときに発生する音は，波打ち際の音として用いられる。このような音を擬音と呼ぶ。よく用いられる擬音は，状況を特定しやすい音といえる。

　視覚と聴覚の相互作用としてマガーク効果がある。「バ」という音声と「ガ」を発声するときの顔の動画を同時に与えると「ダ」に聞こえるという現象である。もっと単純化した研究として，定常音と同時に球が上昇する動画を見せると音の高さが上昇する音に聞こえることがあるという実験報告がある。

　視聴覚の実験を行う場合，装置の処理時間を考慮する必要がある。現在は液晶ディスプレイが画像表示機に用いられているが，機材によって数 ms の遅れがある可能性がある。以前はコンピュータの表示機としてブラウン管を用いた CRT ディスプレイが用いられていた。画面の上から下まで，525 本の走査線と呼ばれる直線を描画するが，これには大変時間がかかった。インターレースという 1 本おきに走査を行い。1 秒間に 60 枚の画像を表示しないと画面がちらついて見えてしまう。この場合，1 画面表示するのに 60 分の 1 秒，すなわち約 15ms くらいの時間がかかるわけであり，実験によっては無視できない。

もっと知りたい❶ ➡ 「メディア学大系」**15 巻**をご覧ください。

音声音響　　　　　　　　　　　● 執筆者：相川清明

心理計測と分析法

人が音や映像をどのように感じているかを精度良く計測したい。人は同じ音や画像でも，毎回少しずつ感じ方が異なる。個人による違いもある。これらに対応するため，さまざまな計測法や分析法がある。

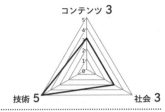

関連キーワード　心理物理的方法，刺激，調整法，極限法，恒常法，MOS，二件法，弁別閾，有意差検定，p値，順序効果

　音，映像，文字などのメディア情報を最終的に受け取るのは人である。したがって，より良いメディア情報の制作には，人がこれらのメディア情報をどのように受け取ったかを精度良く計測する必要がある。

　メディア情報のデータは直接人の脳に入るのではなく，言葉，音，映像などにより人の感覚を介して人の脳に伝えられる。さらに，人がどのように感じたかを把握するには，脳から直接数値データを得ることはできなので，人の応答や回答を介して得ることになる。つまり，二重に人のふるまいが関係してくる。

　心理計測では，音，動画，文字などを被験者に呈示して，それに対する回答を求める。呈示するものを刺激と呼ぶ。実験方法や回答方法にはいろいろな種類がある。

　まず，感覚には刺激を感じられる限界がある。音を小さくしていったとき，聞き取れる最小の大きさがあるが，これが検知限と呼ばれる限界である。つぎに，ちゃんと感じられる刺激に対し，刺激をわずかに変化させたとき，50％の被験者が違いに気付くときの変化を弁別閾と呼ぶ。弁別閾を調べる代表的な実験方法としては，調整法，極現法，恒常法がある。

調整法：実験者が与えた基準刺激に対して，被験者がコンピュータを操作したり，刺激発生装置のダイヤルを回したりして試験刺激を変化させ，基準刺激と違うと感じるようにする。実験者は被験者が設定した値を記録して分析する。

極限法：実験者が基準刺激を与え，かつ試験刺激を基準刺激から徐々に遠ざけ
ていき，被験者に基準刺激と試験刺激が異なると感じたとき，回答してもら
う。つぎに実験者が試験刺激を徐々に基準刺激に近づけ，被験者に同じと感
じたときに回答してもらう。これらの二つの位置は通常異なり，この中間を
とって弁別閾とする。

恒常法：あらかじめ，違いの程度が異なるいろいろな刺激対を用意しておく。
これらを順次被験者に呈示して，回答を求め，実験後に結果を整理分析する。

このほか，目的に応じて二件法，三件法，ABX 法などの測定法がある。二件
法は二つの刺激を比較して，必ずどちらが良いかなどを回答させる方法である。
もし，二つの刺激がまったく同じものである，あるいは区別ができない場合に
は，回答の割合は半々になる。二件法はわずかの違いでも差が出やすい特徴が
ある。ABX 法は X が A に近いか B に近いかを回答させる方法である。

刺激の比較を主観的評価に基づいて行う方法として，MOS（mean opinion
score）がある。よく用いられるのは 5 段階評価である。良否をはっきりさせた
い場合は 4 段階評価なども用いられる。複数種類の刺激の比較も可能である。

刺激に明らかな違いがあるかを調べる方法として χ（カイ）二乗検定などの
有意差検定がある。通常有意水準を 5% に取り，p 値がこれ以下であれば，有
意差があるとする。p 値は，すべての事象が等確率であると仮定した場合，実
験で得られた偏りが生じる確率を表す。有意差検定は違いがないことを調べる
というより，片方が明らかに良いなど，違いがあることを示す目的で使われる
ことが多い。

音楽 A を聞いてから音楽 B を聞いた場合と，音楽 C を聞いてから音楽 B を聞
いた場合，B の印象は多少異なる。このように，刺激の呈示順により人の感覚
が異なることを順序効果と呼ぶ。例えば，2 音のどちらが良いかという比較で
は，最初に聞いた音のほうをつねに良く感じるという偏りがある場合がある。
そのような影響を避けるため，A B の順の比較と B A の順の比較は同数行う必
要がある。

もっと知りたい ➡ 「メディア学大系」**15 巻**をご覧ください。

ヒューマンインタフェース ●執筆者：太田高志

ヒューマンコンピュータインタラクション

インタラクティブな方法によるコンピュータの操作においては，コンピュータのUIだけでなく，人のかかわり方も考慮すべき要素である。

関連キーワード インタラクション，インタラクティブ，ユーザインターフェース，ユーザエクスペリエンス，逐次処理

ヒューマンコンピュータインタラクション（HCI）とは，コンピュータを利用するときに人とコンピュータの間に交わされるやり取りのことである。今日，アプリケーションなどの操作はほとんどがインタラクティブな方法によって行われている。文章を書くという単純な作業においても，キーボードなどからの入力に対して文字ごとに画面にその文字の表示がコンピュータからの反応として返されているのである。したがって，コンピュータの機能やディジタル情報の利用におけるインタラクションの重要性を理解することは，今日のアプリケーションの設計にあたって必要なことである。

インタラクティブな操作においては，作業の内容をその都度確認してつぎのアクションを決定することができるため，操作の修正を含めて自由な操作の経路を選ぶことができる。文字の入力のやり直しもそうした一例であるが，ポインターの矢印がマウスに合わせて移動することや，TVゲームにおいて3D空間の移動に応じて映像をリアルタイムに変化させるような例では，非常に頻度が高いインタラクションが繰り返されている。操作に対して即時に反応があることで，きちんと使用できているという感覚をユーザに与えることができる。

コンピュータの操作には，異なるレベルのインタラクション要素が多重に含まれている。まず，キーボードやマウスなどの装置への働きかけに関して，押されたキーの判別や，マウスの移動距離，クリックの認識などの基本的な反応がなされる。つぎに，それらの基本的な操作に対して，アプリケーションやコン

テンツでそれぞれの内容に応じた表示や状態の変化が反応として起こり，ユーザに対して呈示される。例えば，ワードプロセッサーで一定の範囲の文字の色が変わることであるとか，ゲームで映像やプレイヤーのステータス変化などが起こるような反応である。さらに，インタラクティブなアート作品などのコンテンツにおいては，直接操作しているユーザだけでなく，それらを見ている周りの人の反応を引き起こす。このように，一つのインタラクションのなかに，装置としての反応，コンテンツの反応，社会的な反応などが同時に含まれる可能性がある。

　インタラクションのデザインにあたっては，なにか操作されたときにどのような反応をするかというコンピュータの機能的な面だけではなく，それらの結果に対して受け手（ユーザ）側がどのような反応をしたり状況の理解をしたりするのかを考慮に入れなければならない。また，一つのインタラクションだけではなく，特定の操作に要する一連のやりとりの全体を考慮してデザインすることが必要である。「なに」が反応として起こるかだけでなく，それが「どのように」与えられるのかという面から考えることも要求される。したがって，インタラクションの設計においては，コンピュータサイエンス，ユーザインタフェース，シナリオデザイン，グラフィックデザイン，心理学，人間工学などの多方面の分野の理解が求められる。

● 呼びかけるのは恥ずかしい？　　　　　　　　　　　Column

　スマートフォンだけでなく，家庭内においても言葉で呼びかけることにより反応する音声サービスのデバイスが現れている。「ヘイ，シリ！」，「OK，グーグル」，「アレクサ？」などとはじめに呼びかけなければならない。グーグルというのは会社の名前だが，シリやアレクサというのは女性の名前のようにも聞こえる。「ヘイ！」と呼びかけるのは家のなかならいいが，外ではちょっと恥ずかしい。日本のアプリではサービスの名前で呼びかけるものがあり，こちらのほうが使いやすそうだが，日本語で呼びかけるとしたらどんな言葉がいいだろうか？「○○さん，お願いします！」みたいな感じ？

もっと知りたい❶ ➡ 「メディア学大系」**5巻**をご覧ください。

> ヒューマンインタフェース

インタフェースデザイン

● 執筆者：太田高志

コンピュータのユーザインタフェースのデザインは，単に見た目の綺麗さではなく，その使い勝手に大きな影響を与えるものである。

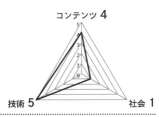

関連キーワード ユーザインタフェース，GUI，アフォーダンス，メタファー，入力，出力，モダリティ，ジェスチャー，ユーザエクスペリエンス，AR，VR，タンジブルインタフェース

　インタフェースとは二つの異なるものの接する面を意味する言葉であるが，コンピュータに関連してユーザインタフェース（user interface：UI）という言葉として使われるときは，コンピュータの操作のために用意されている装置や手段のことである。例えば，入力のためのマウスやキーボード，出力のためのディスプレイなどがハードウェアとしてのUIである。また，GUI環境におけるアイコンやメニュー，ウィンドウなどの表示物はソフトウェアにおけるUIである。

　UIのデザインは多様なものを考えることができる。マウスを例に取ると，全体的な形状や色以外にも，ボタンの数やスクロールのためにボールやホイールを使うのか，それとも指によるスワイプによるのか，などと違ったものがある。また，GUIの操作環境においては，アイコンやアプリケーションごとにボタンやメニューが異なることがある。これらのデザインの違いは単なる見た目やグラフィックのバリエーションというわけではなく，使用感に大きな影響を与える重要な要素である。例えば，アイコンは綺麗さや格好良さの前に，それがなにを示しているのかがひと目でわかるようなデザインが求められる。また，UIの使いやすさを向上するデザインの工夫としてよく知られているのが，メタファーやアフォーダンスと呼ばれる概念の利用である。メタファーとは，既存の道具の外観を利用することでその機能を連想させようとするデザイン手法である。例として，ゴミ箱やフォルダのアイコンがこれに相当する。アフォーダ

ンスは，操作を誘うようなビジュアルのことである。立体的にデザインされたボタンはクリックしたくなるし，凹んでいるように見える白い長方形の領域には文字を書き入れる場所であることを示唆しているように感じられる。また，外観だけでなく，操作の手順なども使いやすさに影響を与える要素である。Aという作業をしてからBを実行するより，Bを先にしてAをするほうがはるかにわかりやすいということがある。さらに，視覚や聴覚などやり取りに利用する感覚（モダリティ）の違いも，UIのデザインに大きな影響を与える要素である。同じ操作をするためにでも，マウスによるのかジェスチャーで示すのか，または音声入力により言葉で指示するのかなどで，異なるインタフェースを用意することができるのである。

　一つのインタフェースであっても，以上に挙げたような要素が複数組み合わさって構成される。したがって，個々の要素におけるデザインの違いだけでなくそれらの組み合わせ方にもよって，同じ目的のものであっても非常に多様なバリエーションのインタフェースが生み出される。UIのデザインは特定の目的のためのアイデアを多様な可能性のなかから選び出すことといえる。また，インタフェースのデザインはユーザエクスペリエンス（UX）に大きな影響を与えるため，今日では，UIのデザインには使いやすさという単純な指標だけではなく，良いUXを与えるということが求められるようになってきている。

　UIは人の意図をコンピュータに伝えるものである。従来はコンピュータの都合に合わせた範囲で人が理解しやすい方法を追求することがUIのデザインとして行われてきたが，近年ではジェスチャーや言語など人にとっての自然な伝達方法をコンピュータに理解させるようなアプローチが模索されている。さらに，一般の瓶とか本とか机などの「モノ」を入出力に利用するタンジブルインタフェースという概念や，特定の場所に行くことや対象を視るなど，現実世界の要素にかかわることによって反応が起こるAR（拡張現実感）のような技術は，現実の世界そのものをインタフェースとする試みであると捉えることができる。

___

もっと知りたい！ ➡ 「メディア学大系」**5巻**をご覧ください。

ヒューマンインタフェース

マルチモーダルインタラクション

執筆者：榎本美香

言葉，ジェスチャ，視線や体の向きなど，人間の体のさまざまな部位から複数の情報を送受信するやり取りを指す。

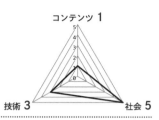

関連キーワード　マルチモーダル情報，言語・非言語行動，データベース化，マルチモーダルインタラクション分析，話し手と聞き手たちの視線の向き，人-CGエージェントインタラクション

　インタラクションとは，一方がある行動を行うとそれが相手に反応し，またその反応にこちらが反応するということを繰り返すことである。人間どうし，あるいは人と人工物が反応しあうことを指す。これに対し，コミュニケーションという用語は，意図の理解や感情的な共感など真の心の交流を含む。人と人工物のやりとりを想定したときに，相手の言葉の意味を真に理解していなくても成立する表層的なやりとりを指すのにインタラクションという用語が使われることが多い。

　従来のインタラクション研究といえば，言葉のやり取りである対話を扱うことがほとんどであった。これに対してここ数年で，ジェスチャ，視線や体の向きなど言語以外のさまざまな身体部位から発される情報を統合的に扱うインタラクション研究が興隆をみせている。これをマルチモーダルインタラクション研究という。インタラクションを行うにあたって，言葉は一つのモダリティに過ぎず，ジェスチャや視線などほかの複数のモダリティからも情報が発されていると考える。

　図にマルチモーダルインタラクションの模式図を示す。会話のなかで，話し手は発話とともにジェスチャを産出する。このとき，視線をある聞き手に向けていたり，体を前のめりにしていたりする。この体の向きや前傾後傾といった姿勢をポスチャという。それらを合わせて，複数の聞き手のうちの特定の一人へ発話を向けていたりする。また，聞き手としては，話し手を見て，相づちを打ったり（発話），頷いたりする（ジェスチャ）。また話し手のほうへ体を向け

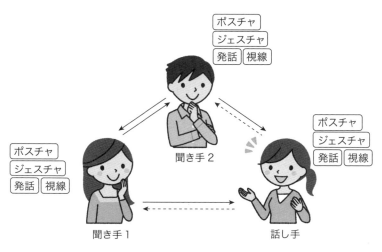

図　マルチモーダルインタラクションの模式図

ていたり，椅子に深く寄りかかってのけぞっていたりするかもしれない（ポスチャ）。会話では話し手だけでなく聞き手もつねにマルチモーダルな情報を発信しており，それらの情報を受け取ることで相互作用している。話し手に見られている聞き手はつぎの話し手（次話者）になりやすいが，次話者になる聞き手は最初から話し手を見ていることが多い。すなわち，話し手の視線がつぎの話者の行方を決めるが，そもそも話し手の視線を左右するのは，聞き手たちの話し手への視線ということである。そして，話し手に見られていない聞き手はもう一人の聞き手の様子をうかがうという聞き手間のインタラクションもある。さらに，話し手の発話中に，聞き手があまり相づちや頷きをしてくれなければ，その発話に対してネガティブな評価をこれからしようとしており，話し手も発話の途中で内容を変更することもある。これらの観測は，会話のなかで自発的に発生する発話というのはその都度，聞き手たちの反応をうかがいながら産出され修正されていっていることを意味する。

　なお，マルチモーダルインタラクション研究では，参与者が三人以上のマルチパーティ（多人数）インタラクションを対象とすることが多い。

もっと知りたい　→　「メディア学大系」**4**巻をご覧ください。

ヒューマンインタフェース

言語処理

● 執筆者：榎本美香

自然言語をコンピュータで解析する技術であり，機械翻訳や対話システムに利用される。形態素解析・構文解析・意味解析・文脈解析がおもだった技術基幹である。

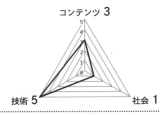

関連キーワード 機械翻訳，対話システム，形態素解析，構文解析，意味解析，文脈解析，係り受け構造，述語項構造，照応関係

　われわれが日常コミュニケーションに用いている言語を，コンピュータで解析する技術を「(自然)言語処理」という。言語処理の黎明は自動翻訳を目的としていたが，その後，精神療法を模したELIZA（1966年）や積み木世界で指示を出すSHRDLU（1971年）など状況を限定した対話システムを経て，1990年代の大規模コーパス（計画的に収集された大量言語データ）の整備とインターネットからテキストデータの自動収集により，現在では実用に耐える対話システム（Apple社のSiriやNTTドコモのしゃべってコンシェルなど）に使われている。

　図に言語処理の概略を示す。言語処理の第一歩は，発話や文を構成する語を形態素解析により求めることである。例えば，(1)「台風1号が鹿児島県に上陸した」という文は以下の形態素に分割できる。形態素解析は単語の境界を認定し，品詞を求め，活用語なら活用形を返す。単語境界や各語の品詞は，あらかじめ正解が付与された大規模コーパスからの機械学習によって得る手法が主流である。代表的なフリーソフトとしてMeCabがある。

文脈解析
意味解析
構文解析
形態素解析

図　言語処理の概略

(1)	台風	1	号	が	鹿児島	県	に	上陸	し	た
	名詞	名詞	名詞	助詞	名詞	名詞	助詞	名詞	動詞・連用形	助動詞・終止形

(2)　台風1号が　　鹿児島県に　　上陸した

つぎに文節間の係り受け構造を付与する構文解析がある。
日本語の係り受け構造は，（文末の文節以外の）各文節は後ろのいずれかの文節
にかかる。(2) では，「台風1号が」と「鹿児島県に」が最終文節「上陸した」
に係る。係り受け解析も機械学習を用いたものが主流で，代表的なフリーソフ
トに CaboCha がある。

　意味解析には，語の意味を辞書やシソーラスに基づいて決定する語単位のも
の（語義曖昧性解消）と述語と項の関係として格や意味役割を与える文単位の
もの（述語項構造解析）がある。後者は，文の意味を捉えるために，述語を意
味の中心とし，それに対して動作主や対象，目標などの役割（深層格）を持つ
項を同定する。ただし，深層格は表層の格助詞などと一対一に対応しないので，
ガ格・ヲ格などの表層格の同定で済ませることも多い。(3) では「台風1号」
が対象を表すガ格，「鹿児島」が場所を表す二格となる。

(3) 台風1号$_1$が　鹿児島県$_2$に　上陸した［ガ格 / 対象：1，二格 / 場所：2］

　このほか，文脈解析の代表的なものとして照応解析がある。「彼」，「彼女」，
「これ」，「それ」などの代名詞や「その木」などの定名詞句を照応詞，照応詞が
参照するものを先行詞といい，この関係を求めることを照応解析という。日本
語では照応詞の省略が可能であり，省略された照応詞をゼロ代名詞，参照先を
ゼロ参照といい，この関係を求めることを特にゼロ照応解析という。(4) では，
2文目で「台風1号が」が省略されたゼロ代名詞となっている。照応解析はい
まだ発展途上の技術であり，特にゼロ照応解析では精度が十分ではない。コー
パスに基づく手法も検討されており，NAIST コーパスでは，文間にまたがる照
応関係が付与されている。

(4) 台風1号$_1$が 鹿児島県$_2$に 上陸した。［ϕ_1 が］今後九州$_3$を 縦断する見込みだ。

━━

もっと知りたい❶ ➡ 「メディア学大系」**4巻**をご覧ください。

ヒューマンインタフェース　　　　　　　　　　　● 執筆者：榎本美香

非言語のコミュニケーション

恣意的な記号である言語に対し，話し手や聞き手と彼らがおかれた状況に深く依存して意味をなすジェスチャ，視線・体の向きなどの非言語情報を用いたコミュニケーションを指す。

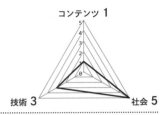

関連キーワード　　視線，ジェスチャ，体のたがいの向き

　非言語のコミュニケーションは「ことばならざることば」によるコミュニケーションで，参与者たちがおかれた文脈や文化に深く依拠して意味が付与される。その代表的なものはジェスチャであろう。また，視線や体の向きにも重要な意味がある。活動の内容や相手との関係性に応じた対人距離もある。さらに，初対面の者どうしであれば，一瞬にして目に飛び込んでくる性別，年齢，体格，皮膚の色など身体的特徴もコミュニケーションの足がかりとなる。

　ジェスチャの種類としては，表情やジェスチャの先駆的な研究を行ったエクマンらが示した以下の五つが一般的である。

① エンブレム（表象）：「okサイン」や「ガッツポーズ」のように，手の形と意味が社会的慣習により決まっているものである。ジェスチャのなかで唯一，恣意的な記号と意味が結び付いたもので，発話なしにその意味が通じる。

② イラストレーター（例示）：事物の形や大きさ，空間内での位置関係などを発話に合わせて即興的に形作るものである。ジェスチャ研究のパイオニアであるマクニールによれば，こういったジェスチャと発話はもとになる「種」が頭のなかに生まれ，そこから一方はイメージとしてジェスチャに，一方は言語になる。

③ 感情表示：唇を噛んだり目を閉じたり，体を震わせるなどの動きで感情を表示する。幸福感，驚き，恐れ，悲しみ，怒り，嫌悪，興味といった感情が基本で，これらは万国共通であるとエクマンらは述べている。

④ レギュレータ（調整子）：頷きやアイコンタクト，前傾姿勢，眉の吊り上げなど会話の流れを調整するための動きである。話し手に発話の継続や繰り返し，精緻化，速度アップなどをうながす。

⑤ アダプター（適応子）：爪を噛んだり髪を捻ったりと自らに触れる自己アダプター，肩や膝をたたくなど他者に触れる他者アダプター，器物や道具に意味なく触れる物アダプターの三つがある。

　視線が話者交替のなかで重要な役割を果たすことは「マルチモーダルインタラクション」の解説で述べたが，参与者たちの体の向きや姿勢もコミュニケーションを維持するのに重要である。現代の非言語コミュニケーション研究の基礎を作ったケンドンは人々が集まって談笑している場面の形状をF陣形と名付けた。ケンドンはまず，人とその人が関与しようとする対象との間の空間を操作領域と呼んだ。そして，複数人が集まって会話をするときには，個々人の操作領域が重なり合うところをO空間とした。O空間の外縁がP空間，その外側がR空間であり，F陣形はO空間だけでなく，P空間やR空間からも支えられている。坊農ら†（2004）はポスターセッションにおいてR空間に立ち入ったある観客が，発表者とほかの観客との会話に入ることなく立ち去っていった事例を報告している。会話に立ち入らない範囲で相手との距離を保つためにうまくR空間が利用された例といえよう。

　会話の参与者が二人の場合，F陣形には，向かい合った配置（vis-à-vis arrangement），L字配置（L arrangement），隣り合った配置（side-by-side arrangement）の三つがある。三人以上の場合は，カウンターに一列に並ぶI字配置や会議室に見られるコの字配置やロの字配置も作れる。これらの配置での話者交替を観測すると，I字配置では真ん中にいる参与者，コの字配置やロの字配置では，短辺にいる（いわゆる議長席やお誕生日席にいる）参与者が，ほかのどの参与者へも視線を配布しやすく，場をコントロールしやすい。

　非言語コミュニケーションを分析するには，ビデオ映像が基本であるが，近年ではアイマークレコーダによる視線移動，加速度センサやモーションキャプチャによる体の位置や向き，心拍・呼吸・皮膚抵抗・脳波など生体データなどを取得する技術も導入されている。

† 坊農真弓，鈴木紀子，片桐恭弘：『多人数会話における参与構造分析－インタラクション行動から興味対象を抽出する－』，認知科学，11（3），pp.214-227（2004）

もっと知りたい⚡ ➡ 「メディア学大系」**4巻**をご覧ください。

ヒューマンインタフェース　　　　　　　●執筆者：榎本美香

感性情報処理

感性情報処理は，情報に含まれる記号部分ではなく，主観的に判断される印象を捉える学問である。

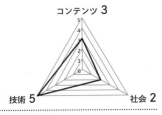

関連キーワード　感性的デザイン，認知的デザイン，物理的デザイン，インタフェースデザイン，二重接面理論，ユースフルネス，ユーティリティ，ユーザビリティ

　感性は感受性ともいい，知性と並んで脳に知識を構成する独立の表象能力である。特に，言葉で表現するのが難しい，心に直接的に訴えるような印象を受け入れる能力である。情報処理は人間の理知的・論理的思考を計算機処理で行えるようにすることを探求するのに対し，感性情報処理では，事物の主観的・多義的・状況依存的な印象を判断・評価することを追求する。逆にいえば，「感性」という視点から，人間の感覚・主観・直感を工学的立場から見直そうという動きでもある。「こんなものがほしい」という感性を生み出す複数の物理量を抽出し，製品開発に役立てようというものである。

　図は，ある製品が感性に訴えるためのモデルである。デザインの基本は使用者の負担を軽減するような「見やすい」，「聞きやすい」，「押しやすい」，「持ちやすい」，「区別しやすい」といった生理レベルでの物理的なデザインである。

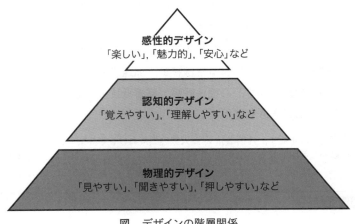

図　デザインの階層関係

つぎに，「覚えやすい」，「理解しやすい」といった認知的デザインがくる。その
うえではじめて「楽しい」，「魅力的」，「好き」，「満足」と感じるような情緒レ
ベルでの感性的デザインに至るのである。認知科学者の祖であるノーマンはイ
ンタフェースデザインとして，ボタンや取っ手のような「物理的世界」と，人
間が五感を通じて入力された情報から手足を動かすことでなんらかの目標や意
図を達成しようとする「心理的世界」の間には深い溝があるとし，もしこの溝
を感じさせないことができたらそれが良いデザインであるとした。ノーマンの
考えを日本に敷衍した佐伯は，システムと操作者とが接するマン・マシン・イ
ンタフェースを第一接面，システムと外界との接点を第二接面とし，人が道具
を使いこなすとき，意識上ではこの二つの接面が一つになるという二重節面理
論を唱えている。

　では，具体的な設計はどうすればよいのか。

　コンピュータの使いやすさを研究したニールセンは，インタフェースのユー
スフルネスを機能や性能の側面であるユーティリティと使いやすさ（使いにく
さをゼロに近づけること）の側面であるユーザビリティに分けている。ユーザ
ビリティは，製品の操作性・認知性・快適性であり，以下の五つの構成要素か
らなるとする。

　① 学習しやすさ：すぐに作業をはじめられるように簡単に学習できる。
　② 効率性：高い生産性を上げられるような効率的な使用ができる。
　③ 記憶しやすさ：しばらく使わなくても覚えていることができる。
　④ 間違えにくさ：エラーを起こしにくく，もし起こっても簡単に回復できる。
　⑤ 主観的満足度：ユーザが満足でき，好きに楽しく利用できる。

感性情報は主観性に強く依存し，「つくり手」，「ユーザ」といった立場によっ
て評価が変わってくるが，こういった要素に鑑みて広く一般的に通用する価値
を付与できる製品をデザイン・評価していく必要がある。

● デザインは刺激的な「形」ではない　　　　　　　　　Column

　良いデザインとは，そのものの形だけではなく，使い勝手も含んだ概念である。感性情報
処理の観点からすれば，「このスマホはデザインはカッコいいんだけど使いにくいのが欠点」
という表現は根本的に間違っており，「このスマホは使いにくいからデザインが悪い」とい
わなければならない。良いデザインであるためには，まず使いやすくなくてはならないから
である。

もっと知りたい！ ➡ 「メディア学大系」4巻をご覧ください。

コンピュータシステム ●執筆者：藤澤公也

コンピュータシステム

コンピュータシステムとは，コンピュータのハードウェアを中心とした，ソフトウェア，ネットワークなどからなる仕組みのことである。コンピュータはパソコンとしてだけでなく，携帯電話・スマートフォンから家電まで，あらゆるところに組み込まれている。

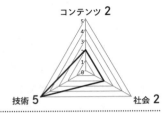

関連キーワード コンピュータ，ソフトウェア，ハードウェア，ネットワーク，サーバ，オペレーティングシステム，情報システム，ライセンス，フリーソフト

現在，コンピュータはあらゆるところで利用されている。ドキュメント作成やWebブラウジングなど基本的な情報処理に用いるパソコンをはじめ，スマートフォン・携帯電話からテレビ・電子レンジといったあらゆるところに利用されている。これらのコンピュータは，キーボードやマウス，あるいはタッチパネルやリモコンなどの周辺デバイスやインターネットなどからくるさまざまな入力をもとに膨大な演算を行い，その結果をモニタや液晶パネルあるいはその機器の動作として出力される。

コンピュータは，大雑把にいうとハードウェアとソフトウェアからできている。ハードウェアはCPU（中央演算装置）やメモリ，I/O（入出力）などからなり，コンピュータの作動時にはその構成が決まっている。ソフトウェアは，ハードディスクなどの外部記憶装置に記録されており，必要に応じてメモリ上に読み込まれる。この特性から，ハードウェアは容易には入れ替えることができないが，ソフトウェアはインターネットなどを介して追加や更新を行うことができる。

昨今のコンピュータでは，通常多くのアプリケーションソフトが同時に実行されている。ソフトウェアは，画面への描画やディスクへの書込みなどハードウェアのさまざまな機能を活用している。これらの機能を個々のソフトウェアが勝手にハードウェアを利用してしまうと，ソフトウェア間での機能の取り合いが発生してしまう。これを避けるため，OS（オペレーティングシステム，基

本ソフト）がそれらを制御・管理している。通常，コンピュータは起動時にまず OS を動作させ，ほかのアプリケーションソフトは，OS から起動されることとなる。

パソコン上で動作する OS としては，Windows が最も普及している。Apple 社の Mac 上では MacOSX という UNIX 由来の OS が動作している。インターネット上でサービスを提供する多くのサーバでは，UNIX や Linux といったサーバ向けの OS が動いている。このほか，スマートフォンでは Android という Linux ベースの OS や，Apple 社のスマートフォンでは iOS という OS が動作している。

OS 上で動作するアプリケーションソフトは，ワープロや表計算ソフトといったオフィスツールソフト，映像や音楽などを再生するメディア再生ソフト，あるいはゲームなどがある。これらのアプリケーションソフトは，コンピュータに後から追加（インストール）することができる。そのためには，パッケージを購入し CD や DVD からインストールするか，インターネットからダウンロードしてインストールする。Windows ストアや Apple ストア，あるいは Google プレイなどからのインストールは後者となる。

通常，どのようなソフトウェアでもライセンスと著作権が存在する。ライセンスは EULA（使用許諾同意書）によってソフトウェアごとに定義されており，どのように利用可能かが書かれている。ソフトウェアには，OSS（オープンソースソフト）やフリーソフトといった自由に利用や改変，再配布などができるものもある。

● コンピュータの速さ　　　　　　　　　　　　　　　Column

コンピュータの速さはさまざまな要素で決まる。動作周波数は最もわかりやすい目安の値となる。通常，Hz（ヘルツ。1 秒当たりの回数）で表され，1 秒間にいくつの命令を実行できるかを示している。1GHz の CPU は 1 秒間に 10 億回の命令を実行できる。また，コンピュータで使われている CPU コアの数も重要である。CPU コアの数が増えると全体としての実行速度も上がる。昨今のパソコンでは 2 個から 4 個，高性能なサーバでは 20 個以上のコアを持つものもある。同じ種類の CPU であれば，動作周波数×コア数が速度の目安となる。

もっと知りたい → 「メディア学大系」10 巻をご覧ください。

ヒューマンインタフェース

コンピュータシステム

コンピュータネットワーク

社会・経済情報

ソーシャルデザイン

ビジネス・サービスデザイン

音　楽

コンピュータシステム　　　　　　　　　●執筆者：藤澤公也

情報検索

日常で知らないことが出てきたときに「とりあえずスマホで検索」という人は少なくない。ただ，検索結果は山のように出てくるため，ほしい情報を得るためには適切な検索語を選ぶことや，適切なサイトを用いる必要がある。近年では検索サイトも高機能化し，文章や音声での検索もできるようになってきている。

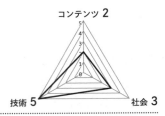

関連キーワード　検索サイト，検索エンジン，検索キーワード，AND 検索，OR 検索，NOT 検索，検索演算子

情報検索を行うには，検索サイトで，キーワードを入力するだけである。最近のブラウザであれば，新しいページあるいはタブを開いた段階で，Web サイトの URL あるいは検索キーワードを受け付ける状態になっており，検索サイトに行く必要すらない場合もある。キーワードを入れてエンターキーを押せばすぐに検索結果の一覧が得られる。

検索結果は，通常，数百万件以上あり，そのうちの上位 10 件程度が表示されている。ここでの上位とは，検索サイトがランキングした結果の上位である。このランキングには，検索のトレンドや検索結果からどのページが見られたか，どれくらいほかのサイトからリンクされているか，ページの表示が適切な時間行われるか，不正な検索誘導はないかなど，さまざまな情報をもとに行われる。検索サイトの進歩もあり，なんとなく検索するといった場合には，結果の上位でだいたい事が足りる。ただ，内容によってはなかなか思っていた結果を得ることができず，延々と結果の先を見てしまうこともある。これを避けるためには，適切な検索入力をすることが大事である。また，いくつかの検索テクニックを使うことでより簡単に求める結果を得ることができるようになる。

適切な検索入力とは，キーワードは一つではなく，複数の単語を選ぶことと，直接求める内容と関係なくても，求めるページに含まれそうなほかの単語を合わせて使うことなどである。

また，検索テクニックについては検索サイトごとに異なる部分もあるが，

AND/OR 検索の使い分けをして，NOT 検索を活用することで格段によい結果を得ることができる。

　通常，検索キーワードとして単語を複数入れると AND 検索，すなわちすべての単語を含むページの検索となる。これはより結果を絞り込むためにはよいが「ルール」と「規則」などといった類似単語を複数入れたときなどに正しい結果が得られなくなる。この場合，「ルール OR 規則」というように OR 演算子を用いていずれかの単語が入っていればよいようにする。

　また，「インターネット」について調べたいが「インターネットエクスプローラー」は入ってほしくない場合などには，NOT 検索を用いる。マイナス記号を単語の前につけることで，その単語を含まないページを探せる。「インターネット － インターネットエクスプローラー」とすることで，インターネットについてのみ調べることができる。

　また，Google 検索であれば，特殊な検索演算子が利用できる。その一つとして，site: 演算子がある。site: に続いて，サーバ名あるいはドメイン名を入れることで，特定のサイトあるいはドメインに絞って検索をすることができる。例えば，ある種の情報について調べると，口コミサイト・相談サイトの検索結果がたくさん出てくることがある。これらは参考にはなるが，科学的根拠は乏しい場合が多い。こういった場合に，検索単語と合わせて，「site:ac.jp」と入れることで，日本の大学にページ対象を絞り込むことができ，学術的・科学的な検索結果を得ることができる。

● 検索しても出てこない！　　　　　　　　　　　　　　Column

　以前は簡単に検索できたページが検索結果に出てこなくなることがある。もちろん，サイトの閉鎖という可能性もあるが，検索ランキング方法の変更による場合もある。ランキング方法は定期的に見直され，多くのユーザに有効な情報を提供しようとするために行われている。そのあおりを受けて，結果に出てこなくなることがある。また，通称 Google 八分といって，検索サイトを欺いて検索ランキングを上げようとしたりすると，検索対象から外されてしまう場合もある。

もっと知りたい⁉ ➡「メディア学大系」**10 巻**をご覧ください。

ヒューマンインタフェース

コンピュータシステム

コンピュータネットワーク

社会・経済情報

ソーシャルデザイン

ビジネス・サービスデザイン

音　楽

133

コンピュータシステム　　　　　　　　　　　　●執筆者：藤澤公也

情報セキュリティ

情報セキュリティは外部からの攻撃に対応して被害者にならないようにするだけでなく，間違って攻撃に加担するなど加害者にならないためにも重要である。ここでは情報セキュリティがなぜ必要となるのか，それによりなにができるのかを確認する。

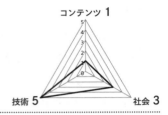

関連キーワード　機密性，完全性，可用性，マルウェア，コンピュータウイルス，ファイアウォール，暗号化，バックアップ

　情報セキュリティとは，コンピュータやネットワーク上にある情報を保護するための技術・手段である。情報の保護のための基本的な考え方として，機密性，完全性，可用性の確保をすることが重要である。この三つは，情報セキュリティの三大要件といわれる。

　機密性は，情報保護の一番身近な部分であり，情報を保護し情報が必要な人にのみ適切に開示できることである。パスワードによる情報へのアクセスの制御や暗号化による情報の保護がこれにあたる。

　完全性とは，情報が正しい状態に維持されることをいう。正しい情報が入力維持され，また，勝手に改変されないように管理する。デジタル署名を用いることで，情報が改変されていないこと，すなわち正しい情報であることを知ることができる。

　可用性とは，必要なときにきちんと情報を取得できることをいう。停電やネットワークの不調が起きて情報が取得できないというのは困るので，通信経路を多重化したりデータベースやシステムのバックアップを用意したりすることで，可用性を確保することができる。これにより，問題が発生したときでも適切に情報を取得できるようになる。

　情報セキュリティは日常的には目に見えた影響がないため，軽視されがちだが，むやみやたらと恐れてしまうとそもそもコンピュータやインターネットを使うことができなくなってしまう。セキュリティ確保のための施策を理解し適

切な対応を行うことで，安心して利用することができるようになる。

　情報セキュリティの設定を怠ると，コンピュータウイルスなどのマルウェアに感染したり，システムが停止したり，あるいは情報が改変されるなどさまざまな被害を受ける。

　昨今，増えてきているのはランサムウェア（Ransomware）と呼ばれる身代金要求型のマルウェアである。このマルウェアは感染したシステムにある資料を勝手に暗号化したり，システムを停止したりする。そして，それを解除するために有料の解除コードの購入を要求する。ランサムウェアは自身を暗号化していることが多く，検知することが難しい。最も有効な方法は物理的に異なる場所にバックアップを取ることである。

　情報セキュリティの適切な施策としては，ウイルス対策ソフトを利用，ファイアウォールの適切な設定，システムのアップデートの適用が挙げられる。ウイルス対策ソフトを用いることで，添付ファイルやダウンロードファイルに含まれるウイルスについては対応が可能である。また，ファイアウォールの設定により，外部からの侵入を防ぐことができる。特に，サーバ環境においては，必要なポート以外はきちんとふさぐことが重要である。さらに，多くの OS において，システムのアップデートが定期的に行われている。システムのアップデートではセキュリティホールへの対策が行われるので必ず実施したい。

　多くの場合，それらの設定は自動的に実施にしてあることが多い。ただし，パソコンの場合など常時起動しているわけではない環境では，適用が実施されていないこともある。定期的に，手動でもウイルス対策データの更新やシステムアップデートが実施されているかどうかを確認しておくとよい。

● 廃棄コンピュータからの情報漏洩　　　　　Column

　廃棄パソコンからの情報流出がニュースになることがある。コンピュータからファイルを削除するとき，通常はファイルを見えなくするだけで実際のデータは残っている。完全にデータを消去するには非常に時間がかかるためである。このため，機密情報を1度でも扱ったパソコンやハードディスクを廃棄する際には，データ消去のためのソフトウェアを用いで，念入りにデータを消去する必要がある。

もっと知りたい❗ ➡ 「メディア学大系」**10巻**をご覧ください。

コンピュータシステム　　　　　　　　　●執筆者：藤澤公也

モバイルメディア

ノートPCおよび無線通信が普及し，コンピュータはどこにでも持ち歩ける時代となった。ノートPCを含め，スマートフォンやタブレットといったいつでもどこでも利用可能なデバイスを，モバイルメディアと呼ぶ。モバイルメディアの出現によりICTを利用するという意味では，空間的な制約だけでなく，時間的な制約も少なくなり，新しい活用がなされている。

関連キーワード　スマートフォン，タブレット，レスポンシブルデザイン，AR，MR，VR

持ち運び可能なモバイルデバイスとしてノートPCやPDAと呼ばれるポータブルデバイスがあったが，携帯電話網を用いた通信機能を備えたスマートフォンやタブレットといったモバイルメディアの出現は，モバイルデバイスの利用方法を大きく変えた。

いつでもインターネットを利用できることにより，Webからあらゆる情報を閲覧できるようになった。また，これにともない，モバイル向けに自動的に表示形式が切り替わるレスポンシブルデザインが登場し，小さい画面のデバイスでも閲覧しやすくなった。

昨今，PCではあらゆるオンラインサービスがWeb化してきたが，あらゆるコンテンツを一つのブラウザで扱うとさまざまな制約がかかる。このため，モバイルメディアでは個々のサービスを独立したアプリとして提供することが増えてきている。さらに，マルチタッチのタッチパネルやGPS，加速度センサなどのモバイルデバイス特有の機能を活用するモバイル専用のサービスも増えている。

また，スマートウォッチやスマートグラスといったウェアラブル端末の出現も，モバイルメディアの活用に一役買っている。一昔前は新しいデバイスの接続先はPCであったが，いまではその役割はスマートフォンなどのモバイルメディアが担っている。

HMDは昔からPC用にあったが，モバイルメディア用のHMDが現れ，また，ハコスコといったスマートフォンを組み込むことでHMDとして機能するツー

ルの出現によって，AR や VR といったものが身近なものとなってきた。

　VR とは仮想現実とも呼ばれ，ユーザが仮想空間に没入することで異空間を体感する仕組みのことである。また，AR とは拡張現実と呼ばれ，カメラなどの入力映像にリアルタイムに適切な情報を CG で重ね合わせることで，情報を拡張する仕組みのことである。

　昨今のモバイルメディアでは人工知能の利用が広がっている。端末に話しかけることで適切な情報を返してくれる。ただし，これはモバイルデバイスそのものに人工知能が搭載されているわけではなく，インターネットを通してクラウド上の人工知能機能を利用している。デバイス側では，音声データを取得し，それをサーバに送っている。サーバは音声認識により文字おこしをして，それをもとに人工知能によって適切な回答を生成している。

　これには必要に応じて音声データ以外の情報も使っている。例えば，どこかまでの経路を探してもらう場合には，モバイルデバイスが持つ GPS からの位置情報を合わせて利用する。

　さらにほかの事例としては，カメラ映像にある英語の文字列を自動的に日本語に翻訳して置き換えるなど興味深い機能拡張がどんどん出てきている。これも AR の一種といえるのかもしれない。

　モバイルメディアはデバイスの性能向上，機能の進化とともに今後さらに新しいコンテンツが出てくるだろう。

● スマートフォンのシェア　　　Column

　現在のスマートフォンで利用されている OS は，Apple の iPhone で利用されている iOS と Google が開発した Android の二つで 95％ を占める。この二つの OS のシェアは国内外で大きな違いがある。国内では，iOS すなわち iPhone の利用者が全体の 7 割以上のシェアを持つが，世界全体でみると Android のシェアが 8 割を超える。日本においては，単純に単価が安くなるという理由だけでは選択理由にならないということもあるが，メーカが独自性を強く出そうとしたり，iPhone にならっておしゃれな感じにしようとしたりするがゆえに，結局，Android 端末でもそれなりの値段になってしまうということが影響しているのかもしれない。

もっと知りたい ➡ 「メディア学大系」**10 巻**をご覧ください。

ヒューマンインタフェース

コンピュータシステム

コンピュータネットワーク

社会・経済情報

ソーシャルデザイン

ビジネス・サービスデザイン

音　楽

コンピュータシステム

プログラミング

●執筆者：藤澤公也

プログラミングとは，アプリケーションを開発する際の工程の一つであり，利用したい機能をプログラムとして実装する作業のことである。プログラムは通常，統合開発環境と呼ばれる開発のための各種機能が揃ったソフトウェア上で行う。

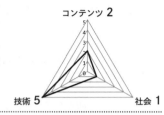

関連キーワード プログラム，プログラミング言語，ソフトウェア，アプリケーション，ライブラリ，開発環境，C言語，C++，C#，Java，JavaScript

　コンピュータ上で作業をする際には，ワープロソフトであったり，メールソフトであったり，ブラウザであったり，なんらかのアプリケーションソフトを利用する。このコンピュータで動作するソフトウェアのもととなる設計図がプログラムである。

　プログラムはソフトウェアのふるまいを実現するために，CPUへさまざまな処理の指示を出す。この処理とは，画面への描画であったり，演算・計算処理であったり，ネットワーク通信処理であったり，さまざまである。このプログラムを開発・作成することをプログラミングという。

　コンピュータは直接，人の言葉や文章での指示を理解できないので，コンピュータに指示を出す際にはプログラミング言語と呼ばれるコンピュータ用の言葉を用いて記述する。プログラミング言語は，人間がコンピュータに指示を出すためのものであり，記述したプログラムのことをソースコードという。このプログラムそのものは人間が理解できるもので，コンピュータは直接的には理解できない。これをコンピュータが理解できる言葉である機械語に変換し，コンピュータが読み込み，アプリケーションとして実行される。

　つまり，プログラミングとは実現したいソフトウェアの機能をプログラミング言語でソースコードとして記述することであり，これをコンピュータが理解できる形にしたものがソフトウェアである。

　実際にソースコードをコンピュータの理解できる言語に変換するには，大き

く分けて二つの方式がある。ソースコードを逐次変換しながら実行する方式を
インタプリタ方式，一括して変換し，変換後に実行する方式をコンパイラ方式
という。どちらの方式を用いるかはプログラミング言語によって異なる。

　現在，利用されているプログラミング言語にはたくさんの種類がある。代表
的なプログラミング言語の一つにC言語がある。C言語は1970年代前半から
使われているが，さまざまな進化とともに現在でも使われている。

　C言語から進化・派生したプログラミング言語として，C++,C#,Objective-C
などとともにJava言語がある。Java言語は一度書いたものが，プラットフォー
ムに依存せずにどこでも実行できることをコンセプトに出てきた。現在では，
Android用アプリケーションの開発などにも用いられている。

　また，昨今のインターネットの成長とともに，Webでの利用を前提としたプ
ログラミング言語も普及してきている。Webコンテンツを記述するための言語
として，HTML/CSSがあるが，これらとともに利用するプログラミング言語，
としてJavaScriptがある。JavaScriptやJava applet，Action Scriptの出現に
よってWebコンテンツはインタラクティブな振舞いができるようになった。

　いずれのプログラミング言語でも，言語を拡張する機能として，ライブラリ
と呼ばれるものがある。ライブラリとは，本来の機能に追加するために用意さ
れているもののことである。例えば，C言語にはもともとグラフィックス描画
の機能はないが，各プラットフォームに応じたウィンドウや画面の描画機能が
ライブラリで用意されている。あるいは，数学的な演算にかかわるものは何度
も利用されるため，ライブラリとして用意されている。

● ビジュアルプログラミング　　　　　　　　　　　　　　Column

　通常，プログラミングとは，テキストエディタなどを用いて文字列の入力によって行われ
るが，ビジュアルプログラミングという文字入力をほとんどせずに，アイコンなどの視覚的
なオブジェクトをつなぎ合わせてプログラミングが行えるものが出てきている。Scratchは
子ども向けに作られたメジャーなビジュアルプログラミング言語である。また，Node-RED
のようにデータフローを意識したツールもある。

もっと知りたい ➡ 「メディア学大系」**10**巻をご覧ください。

ヒューマンインタフェース

コンピュータシステム

コンピュータネットワーク

社会・経済情報

ソーシャルデザイン

ビジネス・サービスデザイン

音楽

コンピュータシステム

● 執筆者：藤澤公也

開 発 環 境

アプリケーションやシステムの開発は，多くの場合，開発環境の上で行われる。開発環境は，さまざまなツールやライブラリ，フレームワークを容易に扱えるようになっている。開発環境は，開発対象や利用言語によって適切なものが異なる。なにを開発するかによって使い分けていく必要がある。

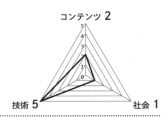

関連キーワード 統合開発環境，ソフトウェア，バグ，デバッグ，ソースコード，エディタ，コンパイラ，プロジェクト管理

開発環境とは，ソフトウェアやサービスの開発に必要なさまざまなツールを組み合わせたものである。特に，ソースコードの入力からコンパイルや実行などまで一括して開発できるような環境を統合開発環境という。統合開発環境には，エディタ，コンパイラ，プロジェクト管理機能などが含まれる。

現在では，さまざまな統合開発環境があるが，これらは開発対象によって使い分ける。Windows用アプリケーションを開発する場合にはMicrosoftのVisual Studioが，MacOS向けの開発ではAppleのXcodeが，またAndroidアプリ開発にはAndroid Studioが使用されることが多い。また，Eclipseという統合開発環境はJavaによるサーバアプリケーションやAndroidアプリの開発などで使われる。

通常，統合開発環境はそれ自体がソフトウェアであり，ローカルコンピュータにインストールして利用する。最近では，ブラウザを用いてオンラインで開発を行うクラウド開発環境も出てきている。クラウド開発環境としては，スマートフォン用アプリケーションを開発可能なAsialが提供してるMonacaなどがある。

開発環境には通常ソースコードを入力するためのエディタも含まれる。開発用のエディタは，単なるテキストエディタと異なり，開発用のさまざまな機能がついている。例えば，入力情報を自動補完してくれることにより，入力ミスを少なくする機能，ソースコードのインデントなどのフォーマットを自動的に

修正してくれる機能などがある。

　また，コンパイラを内包していて，記述したソースコードあるいはプロジェクト内の全コードを一括してコンパイルすることもできる。単純にコンパイルするだけでなく，必要なファイルをすべてコンパイルし，パッケージとしてまとめることなどもできる。

　コンピュータが登場した初期のころには，開発環境といったものはなく，テキストエディタなどで直接プログラムを記述し，必要に応じてコンパイラを用いていた。さらに昔にさかのぼると，アセンブリ言語というプログラミング言語を用いて記述されたプログラムを，人間が手動でコンピュータに理解できる数字の列に変換していた。この方法は CPU そのものの知識が必要であり，それらを熟知した人でないとできないものであった。

　さらに統合開発環境では，プログラムの間違い（バグ）を見つけるデバッガ機能も含まれる。デバッガ機能を用いることで，プログラムを行単位で少しずつ実行し，どこに問題が含まれているかを確認することができる。

● メガ？ ギガ？ テラ？ 大きさの単位　　　　　　　　Column

　データや速度などの大きさ・速さを表す単位として M（メガ）や G（ギガ）などがある。もともとコンピュータと関係ないところでも，1,000 を表す単位としての k（キロ）などがある。日常の使い方だと，1,000 ごとに k（=1,000=10^3），M（=1,000,000=10^6），G（10^9）,T（10^{12}）と増えていくが，コンピュータの上では 2 のべき乗数で表すほうがコンピュータにとってわかりやすいため，1,024（=2^{10}）ごとに増える。すなわち k=2^{10}=1,024, M=2^{20}=1,048,576, G=2^{30}=1,0737,418,24, T=2^{40}=1,099,511,627,776 となる。k,M あたりではほとんど差がないが，T までくると，じつに 1 割近い誤差が出る。これらが混在して値がわかりにくくなることもある。例えば，1TByte の HDD は，実は 10^{12}Byte であり，実際に利用する際には 931Mbyte と表示されてしまう。これは，k が 1,000 か 1,024 かの違いからくる誤差である。

もっと知りたい ➡ 「メディア学大系」**10巻**をご覧ください。

コンピュータシステム

クラウドサービス

● 執筆者：藤澤公也

クラウドサービスとはインターネット上で提供されるサービスのうち，もともとは各コンピュータで実行されていたものがインターネットを通して利用できるサービスである。

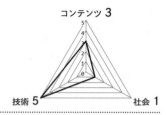

関連キーワード　SaaS，PaaS，IaaS（HaaS），仮想化，オンラインサービス

　クラウドとは英語の雲（cloud）のことであり，インターネット上のサービスを図で表した際に，具体的な接続状況などを書かずに抽象化する際に用いられる。クラウドサービスという言葉は，そのサービスが抽象的な雲のなかで実現されている様子を示すものとして使われ出した。

　クラウドサービスの具体的な例とし，オンラインストレージなどがある。従来，データを保存したりバックアップしたりするためには，ハードディスクを増設したり，USBメモリなどを使っていた。インターネット越しに利用可能なデータ保存サービスが，オンラインストレージである。単にインターネット越しにデータを蓄積できるだけでなく，あたかもそれがローカル接続されているかのように，各種アプリケーションから違和感なく直接保存できる場合が多い。

　クラウドサービスは，大きく分けて三つにカテゴライズされる。SaaS, PaaS, IaaS（HaaS）である。

　SaaSはsoftware as a serviceの略であり，ソフトウェアとしてのサービス，すなわちいままではパソコン上で実行していたソフトウェアをオンラインで利用できるようにしたものである。WebメールやGoogle DocsやOffice365といったオンラインでのドキュメント・データ編集サービスなどがこれにあたるほか，写真データの管理，スケジュール管理などがある。利用者は一般ユーザであり，ユーザはサービス上のデータを管理・利用していく。ユーザはアプリケーションのアップデートなどソフトウェアの管理から解放され，データ利用に集中できる。

IaaS は infrastructure as a service の略であり，少し前までは HaaS（hardware as a service）とも呼ばれていた。コンピュータやネットワークといったハードウェアで構築されている環境をサービスとして提供している。仮想化と呼ばれる技術を用いて，コンピュータそのものをソフトウェアで実現し，インターネット越しに利用できるようにしたものである。利用者はサーバ管理者であり，このサービス上で OS をインストールし，さらにそのうえで実現したいサービスを用意したり，構築したりする。これにより，ハードウェアを管理する必要がなくなる。

PaaS は platform as a service の略であり，OS そのものやデータベース，開発環境などのプラットフォームをサービスとして提供している。利用者はサービス開発者である。通常，サービスを開発・提供するには，自前あるいは IaaS で用意したコンピュータに OS を含めデータベースや Web サーバ，Web アプリケーションなど必要なサービスやフレームワーク・ライブラリを用意し，そのうえでサービスを作り上げる。PaaS を利用することにより，データベースなどのソフトウェアの設定・管理が不要となり，自身が提供するサービスのみを管理すればよいようになる。

クラウドサービスを利用することにより，利用者は従来各自が管理していたソフトウェアやハードウェアといったリソースの管理をしなくてよくなる。その反面，各自のデータやサービスそのものを他人に託すことになる。これは，なにか障害があった際に自力では手の打ちようがない場合が多い。実際に IaaS 業者がデータのバックアップに失敗して，預かっていた大半のサービスを喪失してしまった事例もある。もちろん，自分で管理していたとしてもハードウェアトラブルなどによりデータを消失してしまうことはあり得るので，トータルで見てリスクと手間が減るかどうかを検討する必要がある。また，SaaS, PaaS の場合，セキュリティ管理も業者任せになるため，情報漏洩のリスクもあわせて検討する必要がある。

もっと知りたい❗ ➡ 「メディア学大系」**10巻**をご覧ください。

ヒューマンインタフェース

コンピュータシステム

コンピュータネットワーク

社会・経済情報

ソーシャルデザイン

ビジネス・サービスデザイン

音楽

コンピュータネットワーク　　　　　　　　　●執筆者：寺澤卓也

コンピュータネットワーク

コンピュータネットワークは現在の社会に欠かすことのできないICTの一翼を担う重要な技術である。

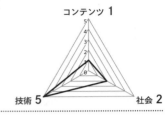

関連キーワード　WiFi，LANケーブル，階層的プロトコル，MACアドレス，ハブ，パケット，IPアドレス，ルータ，ルーティング，TCP/IP

　通信を行う際，送受信が正しくできるように定められた手順のことをプロトコルと呼ぶ。コンピュータネットワークではプロトコルは階層に分かれて定義される。最もよく知られたコンピュータネットワークであるインターネットを例に考えてみよう。諸君はスマートフォンでインターネットを利用する際に，携帯電話の回線（4Gなど）を利用しても，WiFi（無線LAN：local area network）を利用しても同じように検索やSNS（social networking service）が利用できるだろう。どちらも電波を用いているが，両者は異なる方式の技術である。

　同様にノート型パソコンでは，WiFiのほかにLANケーブルで接続する有線接続がある。にもかかわらず，同じようにインターネットが利用できるのは，コンピュータネットワークが階層構造になっているためである。すなわち，この階層構造では，最下層に位置する無線技術を別のものに取り換えても，有線の電気信号や光信号の技術に取り換えても，より上位の層は同じ技術やプロトコルが利用できるように設計されている。

　この最下層は「物理層」と呼ばれ，電気や電波など，物理現象を利用してどのように情報を送るかが規定されている。その上には順にデータリンク層，ネットワーク層，トランスポート層，アプリケーション層があり，人間が直接操作するアプリやWebブラウザなどはアプリケーション層のソフトウェアである。したがって，これらを操作するユーザはインターネットをいつでも同じように利用できるのである。

なお，データリンク層を MAC（media access control）層やネットワークインタフェース層ということもある。また，物理層とデータリンク層をひとまとめにしてネットワークインタフェース層と呼ぶ分け方もある。

　ここで重要なのは4層のモデルか5層のモデルかではない。また，層の名前でもない。上下の層との情報のやり取りの方法を明確にし，それを守っている限り，ある層を別の技術に取り換えてもほかの層がその影響を受けず，ネットワークが機能することである。このようにして，例えば，電気信号が中心であった物理層は技術の発展により，電波や光信号に置き換えができるようになり，ユーザから見ると操作性は変わらないまま，高速化やケーブルが要らないなど，利便性が高まった。

　データリンク層は同一ネットワーク内での通信を行うためのルールを決めている。このとき，通信相手の指定には MAC アドレスが用いられる。ハブあるいはスイッチングハブと呼ばれる装置はこの層での接続に用いられる。

　ネットワーク層は複数のネットワークどうしを結び，どのようにして最終的な相手のコンピュータまでデータ（正確にはパケット）を届けるかを決めている。インターネットで通信の相手を示す IP アドレスはこの層のプロトコルである IP（internet protocol）で用いられる。ネットワークどうしを接続するには，ルータや L3（レイヤ3）スイッチが使われる。これらの役割はデータを目的のコンピュータへ届けるための最適な経路を見つけ，管理し，データを転送することである。これをルーティングと呼ぶ。

　トランスポート層は通信している2台のコンピュータの上で実際の通信を行っているソフトウェアを識別し，その基本的な通信方式や，データが届かなかったときの処置などを規定している。この層の代表例である TCP（transmission control protocol）と IP を組み合わせて TCP/IP という表記がよく用いられる。

　アプリケーション層には WWW（world wide web）で用いられる HTTP（hypertext transfer protocol）やメールの SMTP（simple mail transfer protocol）などがある。

もっと知りたい❗ ➡ 「メディア学大系」**10巻**をご覧ください。

コンピュータネットワーク
● 執筆者：寺澤卓也

インターネット

インターネットはいまやインフラ（社会基盤）の一つである。「ネット」を利用しない日はないが，インターネットの仕組みはどうなっているのだろうか。

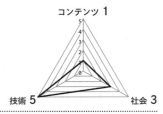

関連キーワード メール，WWW，クライアント / サーバ，Web サーバ，Web アプリケーション，クラウドサービス，仮想化，internet of things，ビッグデータ

現代ではスマートフォンが大変普及している。スマートフォンを用いて日常的に行われている Twitter や Facebook，Instagram のような SNS（social networking service）の閲覧や投稿，YouTube のような動画の視聴，LINE のようなメッセージングツールの利用，そして，メールや Web（WWW：world wide web）の閲覧はすべてインターネット上のサービスである。

インターネット上のサービスは，上に挙げたものも含め，多くがクライアント / サーバモデルで構築されている。クライアントとはお客さん，つまりサービスを受ける側である。一方，サーバはサービスをする側を指す。これらはともにスマートフォンや PC，サーバ機と呼ばれるコンピュータで動作しているソフトウェアである。

例えば，WWW では Web ブラウザがクライアントで，ブラウザがアクセスする先が Web サーバである。これらはコンピュータネットワークの階層モデルの最上位に位置するアプリケーション層のプロトコル（通信規約）によって実現されている。例えば，WWW の場合は HTTP（hypertext transfer protocol）というプロトコルが使われている。これらのプロトコルは，そのサービスをどのようなやり取りで実現するかを規定している。一方，通信そのものは，より下層の TCP/IP と呼ばれる一連のプロトコルや無線技術などで行われている。

インターネットが利用できるようになって 20 年以上が経過しているが，その普及は WWW によるところが大きい。Web ブラウザで，きれいにレイアウトされた情報を閲覧し，リンクをたどってつぎつぎとほかの Web ページに移動

できるという簡単な操作性が広く受け入れられたためである。

　多くの人がホームページを開設するようになると，そのアクセス数（閲覧数）を数える仕掛けが考案された。このようにサーバ側でデータ処理を行い，その結果が表示されるという仕組みはさまざまな応用を生み，技術としては Web アプリケーションという形で確立された。Web アプリケーションは多くの場合，データベースと連携して動作する。これによりショッピングサイトなどが多数出現するようになった。

　現在，Web アプリケーションの技術は，さらにクラウドサービスへと発展している。クラウドサービスとは，処理がどこで行われているのか，データがどこに保管されているのかを意識しなくても利用できるサービスである。多くの人はこのサービスを利用する側であり，そうとは意識しないまま使っている人もいるだろう。一方，クラウドサービスを提供する側では，データセンターなどの大規模な設備を必要とするが，現在ではそこでコンピュータとネットワークの仮想化技術が利用されている。

　2010 年ごろまでは，インターネットに接続されているのはコンピュータとスマートフォンのような端末がほとんどであった。しかし，現在ではそれ以外のさまざまなモノがインターネットに接続されるようになり，モノからインターネット経由で情報を得たり，モノのコントロールが行えるようになっている。このような仕組みを IoT（internet of things）という。モノの種類によっては得られるデータは膨大な量となる。これらのデータを有効に活用するための取り組みはビッグデータ処理と呼ばれる。

　このようにしてインターネットは単なる通信網ではなく，現代社会の一つの基盤となっている。

● インターネットは巨大なデータベース？　　　　Column

　インターネットの利用目的の一つに「検索」がある。インターネット上の Web サイトには全体で見れば無数の情報が掲載されている。いまやインターネットで調べてもわからない情報はもともと非公開の情報など少数である。まるで巨大なデータベースだが，そこで見つかる情報には不正確なものも含まれることに注意しよう。

もっと知りたい(!) ➡ 「メディア学大系」**10 巻**をご覧ください。

コンピュータネットワーク　　　　　　　　　　　執筆者：寺澤卓也

ユビキタス・ウェアラブル

ユビキタスコンピューティングは人間の状況を把握してサポートする。ウェアラブルデバイスは身に着ける機器で，状況の把握や情報の提示を行う。

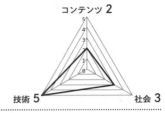

関連キーワード　状況，スマートフォン，Bluetooth，HMD，センサ，センサネットワーク，3G/4G/LTE，IoT，ビーコン，デジタルサイネージ

　ユビキタス（ubiquitous）とは「遍在（どこにでも存在）する」という意味である。ITの用語としては，日本語では「いつでもどこでも」という表現が用いられることが多い。ユビキタスコンピューティングでは，コンピュータやシステムが人間の状況を把握し，その場そのときに応じた適切な支援を行う。

　人間の状況を知るためには，その人の予定表や現在位置などが利用される。予定はネット上（あるいはコンピュータ上）のカレンダーサービスに登録されている情報から得ることができる。一方，位置の情報は身に着けているスマートフォンやウェアラブルデバイス，あるいは，場所ごとに設置されたセンサやカメラなどから得ることができる。

　ウェアラブル（wearable）とは「身に着けられる」という意味で，ウェアラブルデバイスとは，スマートフォンのように体から離れた場所に置いておくことができるものではなく，衣服や腕時計，メガネなどのように，ずっと身に着けているものを指す。腕時計型のものはスマートウォッチと呼ばれ，時計機能のほかに脈拍などの生体情報を取得したり，メールの着信やスケジュールの通知，GPSなどの機能を持っている。スマートウォッチはスマートフォンと連携して使用するものが多く，両者の通信にはbluetoothという無線技術がよく用いられる。一方，メガネ型のものは，レンズ部分に非常に小型のディスプレイ機能が搭載されており，スマートフォンなどを操作しなくても情報をダイレクトに見ることができる。これはHMD（head mounted display）の一種とみることもできるが，VR（virtual reality）の分野で使われているHMDとは周囲がよ

く見えるところが大きく異なる。

「状況」の把握には各種のセンサを配置する手法もある。スマートフォンやスマートウォッチは本人の状況を知ることはできるが，その人の周囲の状況を把握するのには扱える情報が少ない。例えば，周囲の混雑状況や急に雨が降ってきたなどの状況を適切に捉えるのは難しい。このような情報はその場に設置されたセンサから得ることができる。これに本人の位置情報を組み合わせれば本人が置かれている状況がつかめる。

多数のセンサから効率よく大量の情報を集めるために，センサネットワークという技術が用いられる。通常，センサそのものは処理能力や通信能力を持たないため，これらの最低限の機能を持つ小型マイコンとセットでセンサノードとして設置される。センサ数が多く，屋外に設置されるような場合には，電池駆動となるため，長期間利用するためには必然的に省電力設計となり，通信も短距離の無線通信となる。

センサノード間で情報が伝達され，やがてそれを集約するやや規模の大きなノードへ到達すると，そこからは WiFi や 3G/4G/LTE などの携帯電話の電波を使ってインターネット上のサーバにデータが送られ処理される。このような仕組みは近年では IoT（internet of things）の一形態としても認識されている。

位置を利用したサービスはさまざまなものが実用化されている。例えば，ビーコンという弱い電波（bluetooth）を発信する装置を店舗の入り口などに置き，電波の届くエリアに，あらかじめ対応アプリをインストールしたスマートフォンを持った人が入ってくると，スマートフォンに情報が送られたり，クーポンが発行されるものがある。また，近づくとデジタルサイネージ（電子看板）に，ユーザに応じた適切な広告や情報が表示されるものもある。

● 近未来の生活　　　　　　　　　　　　　　　　　　　Column

　ユビキタスコンピューティングが実現する社会は，よく見ると部分部分の仕組みはアプリや Web サービスなどの形で実現されている。しかし，これらが一体のものとして連続的にわれわれの生活をサポートするにはまだ至っていない。要素技術は個々に開発され発展してきた。これらを統合する技術の登場が待たれる。

もっと知りたい ➡ 「メディア学大系」**10巻**をご覧ください。

149

コンピュータネットワーク　　　　　　　　　　　　●執筆者：寺澤卓也

ソーシャルコンピューティング

世界中のさまざまな人々のインターネット上の行動は，「ソーシャルコンピューティング」という新たな分野を生み出している。

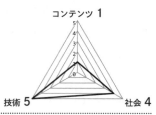

コンテンツ 1／技術 5／社会 4

関連キーワード　Web 2.0，集合知，協調フィルタリング，Web サービス，ソーシャルメディア，ソーシャルグラフ，ソーシャルサーチ，ウェブマイニング，フォークソノミー

人々のインターネット利用の基盤には WWW がある。WWW は 1990 年代に開発され，Web 上のサービスとしてさまざまなものが登場した。これらを第1世代のサービスとするならば，2000 年台半ばに登場したサービスは第2世代となる。このことを Web 2.0 と呼ぶことがある。第1世代と第2世代では，同種のサービスでもいくつかのポイントで違いがあり，このポイントには各種のサービスで共通点がある。これをまとめたものが Web 2.0 の原則となっている。その一つに「集合知の活用」がある。

集合知とは，多くの人が主体的に行動した結果として民主的に導かれる知見である。表面的・明示的なものと，副次的に生じるものがある。例えば，SNS（social networking service）でだれかが情報を発信すると，それは拡散し，コメントや批判が加えられ，議論に発展することもある。そしてやがて多くの人が納得した状態が訪れる。このようにして得られるのが集合知（群衆の英知）である。

ここで大事なことは，コメントや反論という形でフィードバックがかかることである。したがって，時期や状況が変われば，いったん落ち着いたことに対するフィードバックが再び行われて，また別の結果に落ち着く。つまり，結論がいつまでも同じではない。そしてそれは一般の人々が導いている。

また，インターネット上のショッピングサイトで買い物をすると，そのデータ（履歴）は蓄積されていく。そうすると，「この商品を買った人は一緒にこれを買っていることが多い」とか，「この人は少し前にはこれを買い，今度はこ

れを買っているからこういうものが好きに違いない」などのことは，ショッピングサイトを運営する側で分析して蓄積することができる。これを用いると，個々の客に合わせて商品を勧めること（リコメンデーション）ができるようになる。このような分析を行う処理を協調フィルタリングという。これが客の購買行動から副次的に得られた集合知である。

このように，インターネット時代になり，人々が簡単に情報を発信できるようになると，情報は瞬時に拡散され，共有され，保存され，分析される。SNSやブログなど，人をつなぐ役割や Wikipedia のように共同・協調作業を可能にする Web サービスをソーシャルメディアと呼ぶ。ソーシャルメディアを通じてできた人と人とのつながりは，ソーシャルグラフとして表すことができ，数学のグラフ理論を活用することができる。このような，人と人とのつながりを利用する処理全般のことをソーシャルコンピューティングと呼ぶ。

インターネットの検索サービスの代表例である Google の検索では，PageRank というアルゴリズムで検索結果の表示順を決めている。このなかにも集合知の考え方が含まれている。また，このようにアルゴリズムで結果を出すのではなく，ソーシャルサーチと呼ばれる検索手法もある。この手法では自分のソーシャルグラフに登場する人物のうち，いま知りたいことについてだれに聞くのが最も良いかを判断する。そして，最終的にはその人に聞くことで問題を解決する。このほか，WWW でのリンクの状況から，それを設けている組織や人の間の関係性が見いだせるのではないかという，ウェブマイニングという技術もある。このようにソーシャルコンピューティングはインターネットの登場によって急速に発展しており，社会の身近なところで役立っている。

● みんな分類が大好き　Column

　ものを分類する作業は，かつては専門家の領域であった。学術知識のある人が厳密に行うもので，これはタクソノミーと呼ばれる。例えば動物の分類などである。しかし，現在は犬や猫の写真を撮って SNS に投稿する際，皆ハッシュタグをつける。これはそれぞれの人の主観で行った分類でもある。そして，一つの対象物にさまざまな人によるたくさんの種類のハッシュタグがついても構わない。これは一般の人による分類で，フォークソノミーと呼ばれる。

もっと知りたい ⓘ ➡ 「メディア学大系」**10** 巻をご覧ください。

ヒューマンインタフェース

コンピュータシステム

コンピュータネットワーク

社会・経済情報

ソーシャルデザイン

ビジネス・サービスデザイン

音楽

コンピュータネットワーク　　　　　●執筆者：寺澤卓也

ソーシャルネットワーク

ソーシャルネットワークはインターネットがいつでもどこでも使えるようになった結果，クローズアップされるようになった分野である。社会を変える力を秘めている。

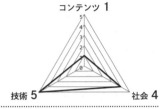

関連キーワード　SNS（ソーシャルネットワーキングサービス），スマートフォン，フォロー，いいね！，ハッシュタグ，炎上，プライバシー

　ソーシャルネットワークとは人と人とのつながり，人間関係のことを意味するが，インターネット時代の現代では，SNS（social networking service：ソーシャルネットワーキングサービス）を用いて構築される関係を指すことが多い。SNSにはさまざまなサービスがある。日本では2017年現在，Twitter，Facebook，Instagramがその代表例である。LINEをSNSと見るかどうかは意見が分かれるところであるが，コミュニケーションのツールであることは確かである。それぞれスマートフォン用のアプリが提供され，操作は難しくない。

　Twitterは1回の投稿（ツイート）が140文字に制限されている。文字数の制限はツイートする際の気軽さや文の簡潔さをもたらし，ツイートを見る側にとっても，つぎつぎと読むことができる効果がある。Twitterではほかのユーザとの関係は「フォロー」という機能により構築される。フォローされた人のツイートはフォローした人（フォロワー）に伝わるため，フォロワーの数はその人の発言の影響力の大きさを示すことになる。また，フォロワーが「リツイート」すると，そのツイートはオリジナルの投稿者の情報を残したままそのフォロワーのフォロワーに伝わるため，情報の拡散が生じやすい。「リプライ」などの機能を使ってツイートに対して返信することもできる。

　Facebookは実名制のサービスである。出身地や学歴，職歴などのプロフィールも公開できるので，それらを頼りにFacebook上の関係が構築される。したがって，もともと実世界で知り合いである人とのつながりが多くなる。Twitterは匿名でも利用できるし，だれをフォローするのにも許可はいらないが，

Facebook では友達申請に対し，相手が許可した場合にのみつながりができる。いい換えれば，Facebook は相手の素性を知ったうえで交流するサービスである。

Instagram は Twitter や Facebook に比べれば，やや遅れて広まったサービスである。写真の投稿に特化しており，テキストも加えられるが文字は少なめな投稿が多い。関係はフォローによってできるが，有名人をフォローするなどの場合を除けば，実際に親しい人との関係が主であり，情報の拡散範囲もそれにとどまる。

三者は使い分けられている面もあるが，共通する機能もいくつかある。まず，投稿を見たユーザが気軽に反応を示すための「いいね！」などの機能である。多くの「いいね！」を獲得した投稿は，ネット上の別の媒体でも注目される。また，情報に対するタグ付け（分類）をする，ハッシュタグ機能は Twitter，Facebook にもあるが，Instagram では特に一つの写真に対してたくさんのハッシュタグがつけられる。写真のほかに動画も投稿できる。

SNS での投稿はときに「炎上」を生む。「炎上」はある投稿に対して批判的な反応が殺到した状態である。また，投稿や写真自体に位置情報を付加する機能もある。このことに注意を払わなければ，プロフィールの情報などと組み合わせてプライバシーが守られなくなる恐れがある。アカウントのパスワード管理の甘さなどを突かれた乗っ取りや，なりすましなども頻発している。

SNS に熱中するあまり，一種の強迫観念にかられて片時もスマートフォンを手放せないという人もいる。また，いつでもどこでも写真を撮ろうとすることが周囲の人と軋轢を生むこともある。節度を持った利用が望まれる。

● 世界はフラットになる　**Column**

SNS によってだれでも個人レベルの情報発信ができ，それによって世界に影響を及ぼすことすらできるようになった。また，SNS は政治家や著名人も使っているため，彼らとコミュニケーションできる。一国のリーダーの発言に個人が直接コメントしたり，批判したりでき，それが本人に伝わるなど，少し前までは考えられなかったことである。IT 技術は世界を小さく，フラットにしていく。

もっと知りたい❗ ➡ 「メディア学大系」**10** 巻をご覧ください。

ヒューマンインタフェース

コンピュータシステム

コンピュータネットワーク

社会・経済情報

ソーシャルデザイン

ビジネス・サービスデザイン

音楽

社会・経済情報　　　　　　　　　　　　　　　執筆者：榊　俊吾

社会経済と計測

ネット上にはさまざまな経済活動がトランザクションベースで記録されるようになりつつあり，日常生活から国民経済まで，その利活用を実現する技術の実用化が現実的になってきた。

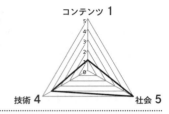

関連キーワード　日本経済，国民経済計算，トランザクションベース，会計データ構造，データ編集

　わが国では，国民，企業などのじつにさまざまな活動について，官公庁などが定期的に行っている調査から，また行政事務を通じて得られた記録から，信頼性の高い統計情報が作成されている。経営者による景況感であるとか，国産の自動車が今月何台輸出されて外国車が何台輸入されたかなど，わが国の経済活動に関する非常に詳細な姿が統計情報として作成されているのである。これらの日本経済に関する情報は，わが国の政策にきわめて大きな役割を担っている。

　一方，国の統計情報のように網羅性，代表性の高いものではないが，身近な日常活動の実態を捉えた調査にも日本経済の実態を把握するうえで大きな可能性が開けている。例えば，毎日買い物に行くスーパーに実地調査してみると，なにがわかるであろうか。ビール，ジュースなど，どのメーカーが客の目線に近い，一番良い棚を占領しているか？　牛海綿状脳症（BSE），残留農薬産地などに関して，大々的に報道されて食の安全性に対する意識は高まったのであろうか？　ブランド・安全性と値段，消費者はどちらを選ぶのであろうか？

　消費者の購買行動をいくつかのスーパーで，毎日同じ時間に定点観測してみよう。こうして得られた情報は，限られたお店の，限られた時期の情報かもしれないが，消費の実態をしっかりと捉えている。過去の記憶を頼りにアンケートした推計ではなく，消費行動の確かな計測である。

　こうした，「社会の足跡をたどる」ことのできる情報が，最近ネット上に大きくシフトしてきている。例えば，Suica，PASMOのシステム上には，われわれ

の（首都圏の公共交通期間を利用した）動線が詳細に記録されている。いつ，どこの駅から乗車し，どこで乗り換え，どの駅で降りたか。文字通り，われわれの「足跡（あしあと）」を追跡するシステムである。

　ネット上，あるいは街にあふれる多種多様な情報ソースから，なんらかの知見を得ようとするためには，こうした情報を計測・収集し，分析可能な標準的な形に加工しなければならない。これが可能になれば，経済活動の実態を，取引事象の発生ベース（トランザクションベース）で捕捉したデータの利用が可能になり，われわれ国民の日常活動から，企業の意思決定，行政機関の経済政策に至るまで，その正確さ，利便性に与える影響は計り知れない。

　こうした技術開発の取組みの一つに，内閣府経済社会総合研究所と東京工業大学エージェントベース社会システム科学研究センターとの共同で設立された「社会会計システム・オープン・コンソーシアム」がある。当コンソーシアムでは，一国全体の経済活動を推計する会計システムである，国民経済計算（SNA）推計システムの再構築のためのプロトタイピング研究を通じて，経済活動の足跡を記録，編集，加工する諸技術が開発された。その成果の一つが，AADL（代数的会計記述言語：algebraic accounting description language）である。

　AADL は，家計簿，企業会計でおなじみの会計データ構造（簿記）を実装した言語で，非常にわかりやすく，習得も容易で，ダウンロードしたその日からプログラミングできる。扱うデータも実務家にとって可視性が高く，処理単位も集合形式になっているためデータ管理も直感的である。したがって，開発コンセプトの一つは，実務に携わる現場の人が，情報技術の専門家の手を借りなくても，自分で，独力で，大規模なシステムを構築できるようにすることを可能にしようとするものである。

● 行動の足跡　　　　　　　　　　　　　　　　　　Column

　Suica，PASMO のシステムは，文字通り，日常の「あしあと」を追跡しうる，ストーカーシステムといったら失礼であろうか。筆者は，Suica，PASMO が謎解きのカギになる推理小説が近々現れるであろう（すでに発表されている）ことを期待している。

もっと知りたい ➡ 「メディア学大系」**8 巻**をご覧ください。

社会・経済情報　　　　　　　　　　　　　執筆者：榊　俊吾

経済統計調査分析

経済統計調査分析は，① データの素性の確認，② 原データ自体の実態，③ 加工指標の作成，④ 統計的解析，のプロセスで逐次行う。

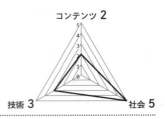

関連キーワード　統計調査，GDP，物価指数，失業率，在庫循環図，寄与度，ローレンツ曲線，ジニ計数

　統計は，われわれの生活する社会の実態を把握し，その結果を開示することで，経営上の意思決定，行政サービスの享受，日々の暮らしに至るまで，国民生活を滞りなく営むうえで，欠くことのできない社会的インフラといえる。ここでは，統計を利活用した，調査分析に必要な条件と方法について紹介する。

　統計情報を活用するにあたっては，まず，① 使用する統計が分析目的を満たしているかを確認することが重要である。これを前提として② 原データ自体の実態を確認する，③ データを適当な指標に加工することでその特性を分析する，④ 統計的な解析を行う，というプロセスを通じて分析を進めていく。

　実用に耐えうる経済分析を行うためには，前提条件①として得られた統計情報が，利活用に耐えられる信頼性，利便性を担保されたものなのか，という根本的な課題，制約を見逃してはならない。高度な統計的分析を展開しても，分析対象のデータが使い物にならなければ，高度な分析結果も砂上の楼閣である。

　原データとして統計を利用する最も一般的な方法に，e-Stat がある。e-Stat はネットを通じて，各府省の統計調査から得られた膨大な統計情報を簡単に利用できる強力なメディアである。しかし，利用可能なデータの対象は事前に行政機関の定めた分類に集計した開示項目に限定されるという制約がある。

　例えば，柑橘類の国内生産に関する分析を行うとき，一方で特定の品種が捕捉されていない場合や，他方で輸入品種が混入していれば，分析の前提が成り立たない。各統計の調査,捕捉の範囲をまず確認することが重要である。今後,統計利用者が自らのニーズに合わせて希望する項目を組み合わせる，すなわち必要な集計対象（項目分類），集計レベル（粒度）への対応が必要である。

　以上の前提条件を確認したうえで，分析のプロセスを考えてみよう。例えば，

わが国の経済実態を分析する，という課題では，まず②の段階として国内総生産（GDP）を時系列でその推移を確認する。GDPに加え，基本的なマクロ経済指標である，物価指数，失業率，金利などの動きを比較対照することも重要である。

つぎに，③の段階として加工指標を作成することによってデータの持つ特性，背後にある意味を明らかにすることができる。例えば，成長率の変動の原因を寄与度という加工指標で確認できる。GDPを支出項目別に，消費，設備投資，政府支出，純輸出に分け，また，内需，外需に集計し，それぞれの寄与度を計算すれば，経済成長の課題，要因を分析することができる。

さらに，産業，国民生活などの構造的問題の解明に分析を進めることができる。例えば，産業別分析の観点から実務家に使用される技法に在庫循環図がある。これは産業部門ごとに出荷と在庫の対前年同期比を散布図に表すことで，景気の循環を視認する方法である。また，国民生活水準を分配の面から捉えてその不平等性を視覚化したものにローレンツ曲線，指標化したものにジニ係数がある。図は，世界的に所得の不平等化の進行を示すジニ係数の推移である。

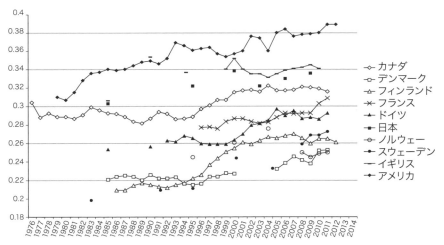

図　ジニ係数の推移〔OECDより〕

最後に④の段階としてデータ間の因果関係を統計的に分析する方法に進む。例えば，消費，設備投資，あるいは株価，為替レートの変動要因を回帰分析，時系列分析でモデル化し，その将来的な予測を行うことが可能である。

もっと知りたい　➡　「メディア学大系」**8巻**をご覧ください。

社会・経済情報　　　　　　　　　　　　　執筆者：榊　俊吾

社会経済シミュレーション

複雑，多岐にわたる社会経済現象も，ゲーム理論の考え方で整理し，レプリケータダイナミクス，間接制御，制度間直接制御の方法で，シミュレーションを行うことができる。

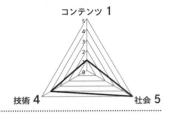

関連キーワード　ゲーム理論，意思決定原理，レプリケータダイナミクス，間接制御，制度間直接制御，カオス

シミュレーションの手法は多種多様である。対象領域ごとに個別の手法が存在するといっても過言ではない。シミュレーションモデルの構成上の要件は，
第1段階：対象となる社会経済現象の関係，構造を適切に表現する枠組み。
第2段階：社会経済現象を表す状態変数の時間を通じた関係を記述する方法。
第3段階：経営戦略，政策などの組織的な意思決定に導く制御構造の組込み。
である。ここでは，複雑，多岐にわたる社会経済現象に対して，この3点を満たしながら，簡潔に記述するシミュレーションの技法について紹介する。

社会は，個々に利害を異にする多数の個人が，家族，学校，地域共同体，企業，公共機関，非営利組織などさまざまな組織に属しながら，相互に交叉しながら取引を行う，多層的で，複雑な関係から成り立っている。こうした複雑な諸関係を簡潔に記述する枠組みにゲーム理論がある。ゲーム理論の手法，特に利得マトリクスを利用することによって，個人，組織を問わず，個々の利害得失に基づきながら意思決定していく，さまざまな相互関係，したがって第1段階としての社会経済の構成メカニズムを簡潔に記述することができる。

表に示すように，各主体すなわち当事者組織の戦略 P1~Pn，関係先組織の戦略 Q1~Qm は，いずれも現時点までに収集分析した結果に基づいて計画される。当事者組織と関係先組織，それぞれの選択する戦略との関係に対応して，各部門の利得の組合せ：(U, V) が定義できる。この利得構成により，各組織間の競合性，補完性などの組織間のすべての関係性を規定することが可能である。

この利得マトリクスによって各組織間の関係性が規定されると，第2段階として，各戦略（状態変数）の時間 t を通じた状態変化を，当該戦略を採用してい

表　利得マトリクス

当事者組織	戦略(シナリオ)	採用比率	相手組織（取引先，競合企業など）				
			Q1	Q2	Q3	⋯	Qm
	戦略(シナリオ)	$y_1(t)$	$y_2(t)$	$y_3(t)$	⋯	$y_m(t)$
	P1	$x_1(t)$	$(U_{11}(t), V_{11}(t))$	$(U_{12}(t), V_{12}(t))$	$(U_{13}(t), V_{13}(t))$	⋯	$(U_{1m}(t), V_{1m}(t))$
	P2	$x_2(t)$	$(U_{21}(t), V_{21}(t))$	$(U_{22}(t), V_{22}(t))$	$(U_{23}(t), V_{23}(t))$	⋯	$(U_{2m}(t), V_{2m}(t))$
	P3	$x_3(t)$	$(U_{31}(t), V_{31}(t))$	$(U_{32}(t), V_{32}(t))$	$(U_{33}(t), V_{33}(t))$	⋯	$(U_{3m}(t), V_{3m}(t))$
	⋮	⋮	⋮	⋮	⋮	⋯	⋮
	Pn	$x_n(t)$	$(U_{n1}(t), V_{n1}(t))$	$(U_{n2}(t), V_{n2}(t))$	$(U_{n3}(t), V_{n3}(t))$	⋯	$(U_{nm}(t), V_{nm}(t))$

る個人，組織の人口比率として構成することができる。状態変数間の時間 t を通じた関係を記述する方法が，レプリケータダイナミクス（replicator dynamics：RD）である。RD の意思決定原理は適応的で，実務的な PDCA（plan, do, check, action）サイクルの行動様式に整合的である。

　ここで紹介したモデルでは，各 RD は，一つの意思決定を行う単位になっている。すなわち構成上は，各意思決定がそれぞれの RD で行われる，複数の RD の複合的な組合せである。この構成によって，原理的には，多様な意思決定の束からなる個人の意思決定から，多主体からなる企業などの組織や，多部門からなる国民経済などの社会的な意思決定まで統一的に記述することが可能である。

　第 3 段階として，社会的・集団的意思決定の機構を組み込む，間接制御，制度間直接制御の考え方を紹介する。間接制御のモデルでは，各個人，組織は自らの意思決定に基づいて行動し，その関係はたがいに自律的である。社会組織的にはいわば自由放任の市場機構である。一方，各個人，組織による複数の RD で構成されている諸制度間に，なんらかの価値基準に基づいた制御機能を埋め込むことも可能である。企業組織では各事業部門の意思決定を調整する経営計画部門であり，マクロ経済においては家計部門，民間企業部門の意思決定に影響する，政府などの政策立案部門に相当する。この機構が制度間直接制御である。ここで紹介したモデルによって，複雑な社会のもたらすカオス的な，複雑な現象の制御も視野のうちといえるであろう。

───────────────────────

もっと知りたい❗ ➡ 「メディア学大系」**8 巻**をご覧ください。

ソーシャルデザイン

教育システムとメディア

●執筆者：松永信介

教育システムとは，教えと学びを円滑に結びつける仕組みのことである。学校教育や会社の研修などは，典型的な教育システムといえる。ここでは，メディア活用による教育システムの歴史的変遷について概観する。また，昨今のメディア技術の進展による新たな教育システムについても展望する。

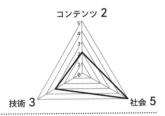

関連キーワード 教育システム設計（ISD），印刷メディア，放送メディア，情報通信メディア

　教えを介する学びの支援の仕組みや機構のことを教育システムという。古来の寺子屋の伝統を引き継ぐ日本の学校教育はその典型例である。教育システムには，カリキュラムや研修コースなどのソフトメディアの設計と，それを展開する教本や機器・プラットフォームなどのハードメディアの設計が必要となる。これらのメディアの創出や活用の仕組みづくりは，一般に，教育システム設計（ISD：instructional system design）と呼ばれる。

　ISDには，学習科学，教育工学，認知心理学など，さまざまな学問分野の知見が必要となる。数学者がいきなりフーリエ変換の講義をしても，必ずしも学生の理解にはつながらない。周到に準備されたISDに基づく指導計画により初めて教えと学びが結びつく。そのため，ISDに携わる人の職種は多岐に渡る。教えの中心にいて学びの内容に精通する専門家，教授方略を考えるインストラクショナルデザイナー，学習者のケアサポートを担うメンターなどである。

　教育システムを支えるメディアは，古来より進化し続けてきた。古代文明に多く見られる壁画や石盤は，アートとしての印象が強いが，その一方で後世への知見の伝授という側面があり，それ以前の口話伝授を補完する教育メディアと捉えることができる。この壁画や石盤はやがてパピルスと呼ばれるポータブルな紙メディアにとって代わられ，さらに，それらを束ね編纂した史記や学術書，経典などが誕生した。そして，こうした書物は15世紀に大きな転機を迎える。当時のドイツで生まれた活版印刷技術により大量の複製出版が可能となり，本書のような学びを支援する印刷メディアとして普及することとなった。20世紀半ばに入ると，ラジオやテレビの放送メディアが一般家庭にも普及し，放送番組が教育に活用されるようになった。セサミストリートなどの幼児向け番組から数学や語学に関する本格的な講座番組まで誕生し，不特定多数の人々に学びの機会を与える教育システムとして注目を集めた。

一方，このころよりコンピュータの教育利用が進みはじめ，CAI, WBT, CSCL などの教育システムがつぎつぎと誕生した。放送メディアでは，限界のあるインタラクティブ性を備えた学習支援が情報通信メディアにより実現され，eラーニング（e-learning）という用語が定着した。

　さらに 21 世紀に入ると，このeラーニングにゲーム要素（ゲームメディア）が加わり，シリアスゲーム（serious game）という概念が普及するようになる。シリアスゲームは，文字通り"真面目なゲーム"という意味で，政治・経済・社会などのさまざまな分野の問題をゲームを通じて擬似的に解決し，そこから現実の問題を理解・認識するというものである。

　また近年はモーションセンサや VR などのメディア技術の教育への活用にも期待が高まっている。図1は，モニタにかざした手の形状が適切な指文字であるかをセンサを通じて処理している様子である。一方，図 2 は，VR 用のゴーグルをつけて自転車教習を行っている様子である。学びの集中管理は脳が担うが，その素材そのものは人間の5感を通じ収集される時代に差し掛かってきていて，教育への高度なメディア利用は加速している。

図1　センサ支援指文字学習　　　図2　危険回避 VR 自転車教習

● 教育・学習環境における c の時代　　　　Column

　インターネットが広まった 1990 年代は，数多くの e ○○という用語が登場した。e ラーニング，e ビジネス，e コマースなどが例として挙げられるが，基本的には個人向けのネットサービスの仕組みであった。続く 2000 年代は，オープンソースやオープンコード，オープンシステムなどをコンセプトとする集合知形成の o ○○時代へと進展した。そして現在の 2010 年代は，c が教育システムのシンボル文字と見込まれている。コミュニティ，コミュニケーション，コラボレーションなどの共生社会をうたう次世代教育システムの基盤概念である。

もっと知りたい → 「メディア学大系」**6** 巻をご覧ください。

ソーシャルデザイン　　　　　　　　　　　　●執筆者：松永信介

ICT活用による学習支援

20世紀半ばのコンピュータの誕生後まもなく，教育の世界においてCAIと呼ばれる学習支援システムが登場した。そして，その後の学習観の変遷と技術革新を背景に，WBTやCSCLなどの新たな仕組みがつぎつぎと現れ，今日の多様なICT活用学習支援環境が築き上げられた。

関連キーワード　学習観，学習管理システム（LMS），CAI，WBT，CSCL，学習者特性，TinCan，LRS，スマート学習支援

　20世紀半ばに誕生したコンピュータの初期の教育利用は，学習観の主流が行動主義であった1960年代のCAI（computer assisted instruction）に遡る。このCAIは，行動主義思想の中核となる"刺激－反応"の学習モデルに基づくドリル型自習支援システムとして登場した。有名なものとしては，アメリカのイリノイ大学が開発したPLATOが挙げられる。

　学習観が行動主義から認知主義に移行する1970年代には，コンピュータの性能が向上したことも相まり，認知主義を象徴するスキーマ構築を具現化する知的CAIやITS（intelligent tutoring system）などの学習支援システムが登場した。画一的なドリル提供ではなく，学習者の習熟状況に応じて教授方略を可変する機構をシステム内部に備えていることがその特徴といえる。線型から分岐型のシミュレーション学習もこのころより盛んになった。

　学習観はやがて能動学習を前面に出す1980年代の構成主義へと移行するが，この間にも技術革新は進み，1980年代後半の欧米ではコンピュータ利用からIT（information technology）活用という概念変化が浸透した。そして，このころから，学習支援環境もコンピュータのスタンドアローンでの利用ではなくサーバ－クライアントモデルへとシフトし，教材や学習者の成績の管理の効率化が図られた。その象徴がWBT（web based training）であり，これが初期のeラーニングの仕組みといえる。クライアントである学習者は，学習管理システム（LMS：learning management system）と呼ばれる遠隔のサーバとの通信により，教材提供や課題採点などのサービスを受ける。

その一方で，学習者の履修状況や問題解答の結果などは，学習ログとしてLMS に蓄積され，学習パフォーマンスの分析などに活かされる。

1990 年代に入ると，構成主義は社会における環境適応をうたう社会構成主義へとその思想が発展した。これは社会コミュニティにおける協調性・調和性を育むことを副次目的とした学習観であり，状況主義とも呼ばれる。この時代においても技術革新は飛躍的に進み，21 世紀目前には通信技術を含める意味でICT（information and communication technology）という用語が生まれた。

この学習観の潮流に基づき，昨今多様に進化している学習支援の仕組みがCSCL（computer supported collaborative learning）である。ネットを介して複数の相手と交信・協力しながら課題解決に取り組むという学習環境である。東京にいながらニューヨークやロンドンの学友と Skype で議論をしたり，調査資料を交換し合うなどして協調学習を展開する。

一方，この時期には適応型学習支援システムの研究も盛んになった。学習者特性（learner characteristics）に応じて，その時点で最もふさわしい教育サービスを提供する仕組みである。ユーザモデリング（user modeling）の研究とともに推進され，AEHS（adaptive educational hypermedia system）という新たな学習支援プラットフォームの概念を誕生させた。

近年の ICT 活用の学習支援としては，ユビキタスラーニングが挙げられる。通学・通勤の際に資格取得の勉強や授業の復習ができる学習支援環境である。また，VR，AR，MR の普及にともない，体感型の学習支援サービスへの期待も高まっている。

● TinCan API（Experience API） Column

SNS の普及やクラウド環境の整備にともなって，人のさまざまな活動がネット上で多角的に掌握できるようになった。LMS は特定の学習課題に対して学習ログをもとに学習支援サービスを提供する仕組みであるが，人の知的活動を網羅的に把握し，それをつぎなる学習支援に結びつける TinCan と呼ばれる新たなサービスに昨今注目が集まっている。TinCan は Web 上のAPI であり，個人の多種多様な知的活動（経験）を LRS（learning record store）と呼ばれるデータベースに蓄え，それをさらなる知的活動につなげるという次世代のスマート学習支援サービスである。ビッグデータや AI 技術の進展により，現実味を帯びてきている。

もっと知りたい ➡「メディア学大系」**6 巻**をご覧ください。

ソーシャルデザイン　　　　　　　　　　　　●執筆者：松永信介

インストラクショナルデザイン

インストラクショナルデザインは，学習観が行動主義から認知主義に移行するころに登場した，教育工学における学びの支援のための方法論である。昨今の学習者中心の思想は，インストラクショナルデザインの意義を高めた。ここでは，比較的よく知られているADDIEモデルを概説する。

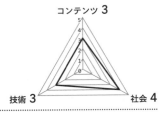

関連キーワード　インストラクショナルデザイン（ID），ADDIE モデル，課題分析，スキル階層図，ルーブリック，9 教授事象，ARCS モデル

人はいきなり方程式が解けたり，自動車の運転ができるようになるわけではない。体系的に組まれた指導プログラムのもとで知識習得やスキル獲得を図り，その結果として目標（方程式を解く / 自動車を運転する）が達成される。

インストラクショナルデザイン（ID：instructional design，教授設計）は，まさにその指導プログラムの設計にあたる。ID には，「なにを身につけさせるのか？」（学習目標），「どのように展開するのか？」（授業計画），「どのように評価するのか？」（評価基準）という大きく三つの視点が必要となる。大学の授業シラバスを眺めると，これらが網羅されていることに気づくことであろう。

ID にはいくつかのモデルがあるが，ここでは，比較的普及している ADDIE を取り上げる。このモデルは図にあるように段階的な五つのフェーズからなっており，モデルの呼称は各フェーズの英字表記の頭文字による。

図　ADDIE モデル

課題の種類や学習者特性などの分析を経て，教材コンテンツやシステムの設計・開発へと進み，最後に総括としての実施・評価を行うというものである。一般の PDCA サイクルと同様，一過性ではなく必要に応じて改善が行われる。

この図からは五つのフェーズの比重が均等のように映るかもしれないが，じつは前半の分析・設計にかなりの時間をかける必要がある。これは，いったんつぎの開発フェーズに入ってしまうと後戻りしづらくなるからである。

課題分析を例に取ると，それが認知領域・精神運動領域・情意領域のいずれに該当するかなどを細かく見極める必要がある。設計においても，微分の教授が積分の教授に先行しなければならないことからもわかるように，学習順序を俯瞰するスキル階層図のようなものを事前に作成する必要がある。

一方，後半の評価フェーズにおいて重要となるものとして，ルーブリックが挙げられる。ルーブリックとは，その目標到達度に応じてランク付けするための評価基準のことであり，客観的ガイドラインといえる。

IDを進めるにあたっては，学習者中心主義の視点が欠かせない。IDの先駆者でもあるガニェ（R.M.Gagné）は，表に示す9教授事象を提唱した。これは，学習意欲の喚起・持続と着実な学習効果を両立させるための一つの指針である。

表　ガニェの9教授事象

段　階	教授事象
導　入	1. 学習者の注意を喚起する 2. 学習目標を提示する 3. 前提条件を思い出させる
展　開	4. 新しい事項を提示する 5. 学習の指針を与える 6. 練習の機会をつくる 7. フィードバックを与える
まとめ	8. 学習の成果を評価する 9. 学習内容の保持と転移を高める

● 動機づけのための ARCS モデル　　　　　　　　Column

学習には動機づけ（モチベーション喚起）が必要となる。ケラー（J.M.Keller）は，この動機づけのモデルとして，ARCSを提唱した。Attention（注意）→ Relevance（関連性）→ Confidence（自信）→ Satisfaction（満足感）というフローである。前半のA，Rは学習を開始させるための深層心理への刺激であり，後半のC，Sは学習開始後の成功体験に導くための深層心理の醸成である。インストラクショナルデザイナーは，この学習心理の基本変遷モデルを踏まえたうえで，コンテンツ開発やメディア利用のあり方を考える必要がある。

もっと知りたい🎓 ➡ 「メディア学大系」**6巻**をご覧ください。

ソーシャルデザイン　　　　　　　　　　　執筆者：松永信介

オープンエデュケーション

大学などが広く一般の人々に知の社会還元を行う取組みのことを，オープンエデュケーションという。公開講座やセミナーなどはその典型例といえる。最近では，ネット配信された大学の正規の授業を受講し，成績次第で公認の修了証を得ることができるMOOCという仕組みも現れた。

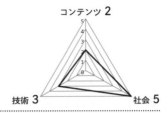

関連キーワード　オープンエデュケーション，OCW/MOOC，反転学習，アクティブラーニング，21世紀スキル，生涯学習，インフォーマル教育

オープンエデュケーションとは，大学などの高等教育機関が蓄積してきた知識や技術，培ってきたノウハウやアイデアなどの"知のリソース"を広く一般の人々や社会に還元する取組みのことをいう。その形態は多種多様で気楽に参加できる1～2日程度の公開講座やワークショップのようなものもあれば，数週間に渡って実施される本格的な有料講座やセミナーのようなものもある。なお，オープンエデュケーションの広義の解釈においては，自治体やNPOが主催する市民講座，個人やサークルが主催する料理教室・絵画教室なども含まれるとされる。

オープンエデュケーションの思想を世に広めたのは，イギリス発のオープンユニバーシティ（OU：The Open University）である。広く一般の人に学びの場を提供するという基本理念のもと，通信教育の専門大学として，1969年に設立された。なお，日本の放送大学はこのOUをモデルとしている。

メディア利用という視点でOUの歩みを眺めると，設立当初は印刷メディアが主流であったが，やがてラジオやテレビなどの普及とともに放送メディアの活用にシフトし，さらに昨今のインターネットの普及にともなって情報通信メディアに比重が置かれるようになった。

21世紀に入ると，eラーニング先進国のアメリカでは，大学の講義関連資料（シラバスやテキスト，講義ビデオ）をインターネット上に無償公開する試みがはじまった。2001年にマサチューセッツ工科大学（MIT）が開設したオープンコースウェア（OCW：open courseware）はその先駆けである。以降，欧米の著名な大学が競うように類似のサービスを展開した。日本でも2006年にJOCWというコンソーシアムのもと，日本版オープンコースウェアが始動した。

インターネット環境やユビキタス環境の整備・拡充，生涯学習（lifelong learning）への関心の高まりなどの社会的背景を受けて，OCW は世界的規模で着実に広まっていった。しかし，OCW は講義リソースの無償公開にとどまるため，受講側のモチベーションが高くないと十分な学習効果は得られない。

そこで，OCW の進化系として 2012 年にアメリカ発でつぎつぎと誕生したのが，大規模公開オンライン講座（MOOC：massive open online courses）である。OCW との違いは，正式に受講登録し，課題や試験をパスすれば公認の修了証を得られるという点である。大学に入学するほどのことではないが特定の分野でのスペシャリストとしての認定がほしい人には便利な仕組みである。なお，JMOOC（日本版 MOOC）が 2014 年に開設された。

MOOC は，反転学習（flipped learning）との親和性が高い。事前に共通の MOOC 講座を受講した学生が教室に集い，ディスカッションやディベートなどのアクティブラーニング（active learning）を通じて，知識の深化・定着を図るという取組みに活かされている。

オープンエデュケーションは，昨今教育の分野で話題となっている 21 世紀スキルとの関連も深い。21 世紀スキルとは，思考・認知スキル，協調スキル，情報・ICT スキル，グローバルスキルなどから構成される新しい概念であるが，オープンエデュケーションを通じて，現代社会を生き抜く術を身につけることに期待が集まっている。

● 生涯学習とインフォーマル教育　　　　　　　　　Column

　急速に進む高齢化社会は，生涯学習の市場を拡大させている。最近，82 歳の日本人女性が "hinadan"（雛壇）という iPhone アプリを開発し，それが世界中で話題となった。今後ますます，高齢者がセカンドライフとして新たな学びに挑戦する時代になると見込まれている。そして，インフォーマル教育がその一つの受け皿として注目されている。インフォーマル教育とは，厳格なカリキュラムに則った学校教育（フォーマル教育）とは異なり，博物館や美術館，水族館や動物園などの公共施設で学びを育むという概念である。こうした公共施設は，昨今，ゲームや VR などを取り入れたエデュテインメント（education ＋ entertainment）環境の場として進化している。

もっと知りたい ➡ 「メディア学大系」**6 巻**をご覧ください。

ソーシャルデザイン

メディア文化と社会

●執筆者：宇佐美亘

TVを見ている間，人はなにを考えているのだろうか。なにも考えていない!? いやいや，番組のストーリーを作っているのは「あなた」なのだ。ここでは，メディア文化と社会のかかわりについて解説する。

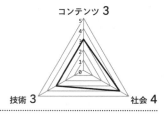

関連キーワード　TV番組，構成，ストーリー，ネットメディア，デジタル世代

「メディアを受容する」＝例えば「TV番組を見る」という行動は，私たち自身に，また，社会にどんな影響を与えているのだろうか。「メディア文化と社会」という抽象的な言葉の集まりをごく身近な，あるいはミクロなアプローチで考えてみよう。

具体例として「TV番組を見るとき，私たちのなかではどんなことが起こっているのか」を題材にする。ここで採用する方法は「TV番組を制作する側の論理」を追体験するというものである。見る側＝視聴者になにが起きているかを問題にしているのに，「制作する側の論理」を追体験するというのはやることが正反対だという意見が出そうだが，これから先の説明を聞いてほしい。

図は，ある架空のTV番組「甘い大根の未来は（仮）」の構成である。番組の構成とは，項目順に映像・音声・コメント・テロップなどの番組内容を一覧できるようにした，いわば番組の設計図である。書き方は番組やディレクターごとに多様である。図は，取材した映像を編集した後，スタジオ録りの前段階でよく見る，ポストイットを使った形式である。1項目で1枚，貼り替えれば順番変更が自由なところがポストイットの利点である。

さて，構成を順に見ていくと，まずなんでも甘いものが流行る風潮を嘆くことで"ネタフリ"とし，昔ながらの大根を"若い女性"に食べてもらい「辛っ！」と悲鳴を上げさせる。続いてスタジオMC・ゲストに「大根の甘い辛い」の"理由を考えさせる"のだが（おろし方の違いか？ など），すぐに取材ビデオで"俗説を専門家が粉砕し""品種"の問題であると"種明かし"をする。青果市場で調べて，甘口の青首大根ばかりと"実証する"。さらに日本大根の多様性で"外国人を驚かせる"。後半は，「にっぽん大根地図」で地域的多様性という"テーマに迫り"，ジーンバンクという"最新テクノロジーにも触れ"て，番組最後に

はしぶとく生きる土着大根各地取材ビデオを紹介して"視聴者を安心させて落ち"とする。

ディレクターとして見ると，大変よくできた構成である。視聴者として見ても楽しめる番組なのだが，上記""で囲んだ部分だけ見ると，じつはよく見かけるパターンなのだということに気がつくかもしれない。

視聴者の側に戻って考えると，制作者が「この展開が面白い」というパターンにうまく乗って，つぎつぎと登場する項目をすんなり受け取る能力が必要になってくる。いや，視聴者は単に見ているだけだといわれるかもしれないが，もし生まれてはじめてTV番組に接する人がいるならば，この展開・脈絡についていけず混乱に陥ることだろう。つまり視聴者には，制作者がつぎつぎと繰り出す項目を受容しながら一貫したストーリーとして理解する能力があってはじめて，番組を理解し楽しむことができるのである。その能力は，メディアに接し続けることにより学んでゆくことができる能力なのである。いい換えれば，番組を見るということは，自らのなかに構成＝ストーリーを再構築する作業ともいえる。

TVについてはこの両面的な現象が考えられるが，ネットメディアについて同じ論理が適用できるのか，別論理が必要になるのか。まだ歴史のないネットコンテンツの受容過程を，継続的かつミクロに分析することが必要だろう。

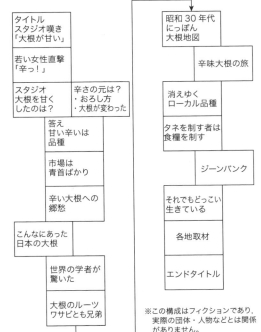

図　TV番組の構成
〔浦，松村，宇佐美，水越：『感覚の近未来』新曜社（1986）より一部変更〕

もっと知りたい！　→　「メディア学大系」7巻，10巻をご覧ください。

ソーシャルデザイン

ニュースメディア

● 執筆者：宇佐美亘

フェイクニュースという怪物が、暴れまわっている。もはやニュースは信用できないものなのか、それともニュースの概念がインターネットを通じて拡張するのか、ここでは、ニュースメディアの現在について解説する。

関連キーワード　フェイクニュース，マスメディア，Twitter，ネットメディア

2016年4月に起きた熊本地震直後、インターネット世界を騒がせた「地震のため放たれた動物園のライオンが街中を歩く」という写真付きのツイッター投稿をご存じだろうか。よく知られたフェイクニュース（嘘のニュース）の一例である。これを見た人は恐怖を感じただろうし、動物園にとっては大変な迷惑である。インターネットに掲載されているニュース（情報）のなかには、間違い、あるいは不正確なものもあるというのは、いまや常識といってもいいだろう。一方で、マスメディアのニュース（情報）はつねに正しいのだろうか。

毎年、新入生に「あなたはマスメディアのニュースと、インターネットのニュースのどちらを信用しますか」という質問をする。答えはいつも、「マスメディアは捏造している」、「インターネットの情報は早くて正しい」（＝ネット派）という学生と、「地震があればTVのニュースを見る」、「インターネットは個人の発信だから信用できない」（＝マスメディア派）という学生に分かれる。

この反応には根拠がある。TV番組が嘘を伝えていたこと（例：関西テレビ「発掘！あるある大事典」事件）もあったし、東日本大震災のときにはTwitterが助けを求める人の通信手段になった。その逆の例は冒頭のフェイクニュースであろう。

しかしマスメディアとインターネットメディアについて、それぞれ相反する思いが並行しているのはなにか納得できない。ここにはもう少し理由があってもよさそうだ。「電車が事故で遅延している」という出来事を例に考えてみよう。

乗っていた電車が急に止まる、すると「事故のため停車中」という車内アナウンス。私は早速、Twitterで「横浜線○○駅近くで事故停車中」と発信する。速さではTVのニュースは負ける。さて大きな事故だった場合、TVや新聞の記者も知らせを聞いて現場に来る。まず鉄道関係者・警察に聞き、現場を外から取材し付近の住民に話を聞くだろう。取材が済んでから原稿を書き、本社に送

りニュースデスクが内容をチェックして放送となる。

ここまでを図式化してみよう。「電車が止まると私はすぐに発信する」この行為を三角形に例えれば，取材に当たる底辺はごく狭く，発信までの時間を表す高さは低い小さな三角形である。一方，記者活動は，取材の幅は広く三角形の底辺は広いが，原稿を書いてデスクからアナウンサーへと関係者が多いので時間がかかり，三角形の高さは高くなる（図）。おわかりだろうか，大小の三角形を，マスメディアとインターネットメディアになぞらえているのである。大きな三角形の正確性を支えるのは，かかわる人数・時間のコストなのである。一方，小さな三角形底辺で私が思い込みのまま「人身事故」と誤発信してもチェックしてくれる人はいない（実際には線路脇の倒木かもしれない）。同じように，大きな三角形のなかの何段階もあるチェック過程で，情報が歪められる可能性はある。

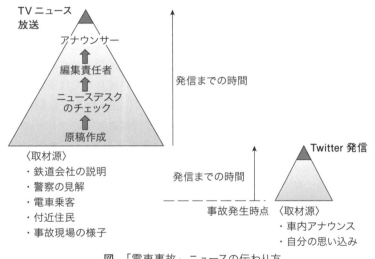

図　「電車事故」ニュースの伝わり方

インターネット時代とは，三角形の大小を問わずどれでもニュースとして受け取られてしまう時代である。三角形のなかでなにが起こりうるか，ニュースの受け手はその内側まで想像し把握する努力が必要だ。受け手の理解能力に応じてそれぞれ役立つはずだし，その意味でこれら全体をニュース概念の拡張として捉える必要がある。なにしろ，マスメディアのなかには，つねにニュース源として Twitter を観察している人がいるのだから。

もっと知りたい❗ ➡ 「メディア学大系」**7 巻**，**10 巻**をご覧ください。

ソーシャルデザイン

ソーシャルコミュニケーション

●執筆者：宇佐美亘

TVを見ない若者が増えているが，Twitterは人気ドラマに関係するつぶやきにあふれている。ここでは，ソーシャルコミュニケーションについて解説する。

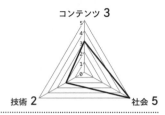

関連キーワード　マスメディア，ソーシャルメディア，Twitter，SNS，プラットフォーム，データ放送，動画配信，スマートフォン，コンテンツ

　マスメディアは，インターネットメディアに取って代わられるのだろうか。それとも「ソーシャルコミュニケーション」という新しい段階を迎えるのか。NHKの「連続テレビ小説」通称「朝ドラ」は，ここ数年好調が続いている。例えば「あまちゃん」（2013年4〜9月）は，東日本大震災を背景に，コメディ調でありながら日本人のこころに深く触れる作品と評価された。

　2013年9月2日放送回では，東日本大震災当日の緊迫した様子が描かれている。東京へ向かうユイちゃんはトンネルのなかで，主人公アキは劇場でリハーサル中に震災に直面する。興味深いのは，その日放送直後のTwitterの反応だ。「息を飲んで見た。（中略）多くの人が自分の2011年3月11日を思い出しただろう」という素直な反応から，「ナレ（ーション）が春子（小泉今日子）に変わった…客観的に描く意味が…よくわかる」という作品に対する批評。また「今週の演出は阪神・淡路大震災の特集（中略）ではテレビドラマとドキュメンタリーを融合した演出が注目を集め（た），井上剛さんだな」とやけにマニアックな発言もあった。いずれもファンにはドラマをより深く味わうには嬉しい情報であり，それらをまったくの一個人が発信していることに驚く。

　かつて人気番組放送の翌日に教室や職場で交わされた会話が，より広く世のなかを駆け巡っている。スマホ世代にとってもここでは，「Twitter（SNS）は，TVに関する話題を増幅する」効果があるというのがソーシャルコミュニケーションの現在だろう。

　一方，インターネットの出現は，メディア企業のあり方に大きな変化を与えている。図にあるように，従来はTV局・新聞社・出版社という企業あるいはその業界のなかで，作品作りから視聴者・読者の手元に届けるまでの作業が完

TV局	新聞社	出版社	
取材・制作	取材	執筆	〈コンテンツ〉
編成	編集	編集	〈プラットフォーム〉
送出	印刷／配達	印刷／配本	〈インフラ〉

〈プラットフォーム〉の多様な展開 Apple, Amazon, Google, LINE…

図　垂直統合から水平統合へ

結していた。これを「垂直統合モデル」というなら，現在はインターネットがその上に「水平統合モデル」ともいうべき構造を重ねている。わかりやすくいうと，ニュース記事は新聞社や TV 局が作っているのに，多くの人が目にする場は「Yahoo! ニュース」だったりする。この「場」を提供するのがインターネットの新興企業（Yahoo!, Google など）＝プラットフォームと呼ばれる存在なのだ。

　「どのニュースもいっぺんに見られて便利」とはいうものの，従来型マスメディア企業には不都合も生じている。早い話が，新聞を読む人は急減し，冒頭にあるように「TV がなくても平気」な人たちが増加しているのである。ただ，マスメディアも反撃を試みている。朝の情報番組では，データ放送でクイズなどを出して視聴者にプレゼントを提供し（日テレ「ZIP!」やフジテレビ「めざましテレビ」など），新聞の Web サイトでは全国中継のない高校野球県大会決勝を，動画配信している（朝日新聞デジタル）。

　さて，未来に見えるものは？ 今通勤通学電車のなかでは，皆スマートフォンの画面に見入っている。画面はゲーム？ ドラマ？ ニュース？ フリマ？ 視聴者・読者は，通勤時間といわず生活する場面ごとに必要な情報を最適な手段で獲得しようとするだろう。その場面を分析し，それぞれ最適なコンテンツを提供する競争に勝ったものが，新旧のメディアを問わず生き残るといえるのではないだろうか。

もっと知りたい❗ → 「メディア学大系」7巻，10巻をご覧ください。

ソーシャルデザイン

プラットフォーム

執筆者：宇佐美亘

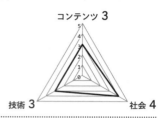

メディアに接する場面は，インターネットの登場後めまぐるしく変化した。

私たちはいつの間にか，新聞でも TV でも雑誌でもない何者かに頼っている。ここでは，その何者かであるプラットフォームの考え方について解説する。

関連キーワード　PC，スマートフォン，アプリ，Web，SNS，ソーシャルコミュニケーション

みなさんがいつも情報（例えば，アルバイト情報・天気予報・お気に入りのアイドルが新しく出した PV，週末に友だちと遊びに行くところなど）を知る「場」はどこだろうか。通学電車のなかといった「場所」を聞いているのではなくて，どのような「手段」で知るのかという質問である。

多くの若者の答えは，「スマートフォン（スマホ）」となるに違いない。では「スマホ」はどこの会社のものですかというと，答えは人によってさまざまであろう。通信サービスを提供する携帯電話会社は大手で 3 社，最近の「格安スマホ」を含むとかなりの数になる。では端末のメーカーはというと，シェア最大の iPhone（Apple）のほかにも数多くある。ただ，携帯電話会社や端末メーカーのどれを答えても，ずばり「手段」といえるだろうか。

ここでもう一度，具体例に戻る。例えば，アルバイト情報なら「アプリ」，天気予報なら「アプリ」または Web，アイドルの PV なら YouTube，週末のお出かけなら，まず LINE で友だちに相談，といったところだろうか。

こうした「手段」＝「場」に共通するものはなにかと考えたいのだが，対象がアプリ・Web・SNS とバラバラすぎる。そこで参照してほしいのは，本書「ソーシャルコミュニケーション」の解説で紹介した図（p.173）である。私たちが「なにかを知りたい」と考えるとき，それがニュースであろうと，好きなアーティストが出演する音楽番組の情報であろうと，いちいちその TV 局・新聞社の Web を見にいく必要はない。「知りたいこと」は，Yahoo! トップページや SmartNews などのアプリを見ればいい。そこには，必要なことが「まとめ」てある。図では，その「場」を「プラットフォーム」という名前で呼んでいる。

インターネットの登場によって，個別の「知りたいこと」を作り出しているはずの TV 局・新聞社・出版社よりも，さらに多くの時間接しているのが「プ

ラットフォーム」であるといえる。もちろん，PC でインターネットに接続していた時代の王者「Yahoo! トップページ」をはじめ，検索・メール・地図・スマホ OS など多彩なサービスを提供する Google，iTunes で音楽を提供する Apple や，Facebook，LINE（SNS），通販・音楽・動画まで広がる Amazon など「場」のあり方は急速に拡大している。それは，生活のあらゆる場面を「プラットフォーム」が覆い尽くそうとしていることを示す。

注目すべきは，そのプラットフォームを提供する企業が桁外れの大きさの企業へと急成長していることだ。表は世界のなかで時価総額が大きい企業 10 社のランキングである。時価総額とは株価からその企業の現時点での経済的価値を示しているが，1 位から 5 位までスマホやタブレットでお世話になっているアメリカの企業が独占している。この現象を「プラットフォーム一人勝ち」などとも呼ぶが，私たちの日常がだれによって支えられているか（支配されているか）がよくわかる。

表　世界の時価総額ランキング（2017 年 5 月）〔単位・兆円〕

順位	企業名	国名	時価総額
1	アップル	米	87.6
2	アルファベット（グーグル）	米	74.3
3	マイクロソフト	米	59.3
4	アマゾン	米	52.3
5	フェイスブック	米	48.3
6	バークシャー・ハサウェイ	米	44.8
7	ジョンソン・エンド・ジョンソン	米	38.0
8	エクソンモービル	米	37.5
9	テンセント	中	35.8
10	アリババ	中	32.7

『週刊ダイヤモンド』2017 年 7 月 29 日号より一部修正

▨は IT 企業

この状態は，いつまでも続くのだろうか。それとも，日本企業が一矢報いる可能性はあるのだろうか。先が読めないネット業界ではあるが，当面「プラットフォーム」を担う企業が圧倒的な力を持ち続けることは，間違いないだろう。

もっと知りたい⚡ ➡「メディア学大系」**7 巻**，**10 巻**をご覧ください。

ビジネス・サービスデザイン　　　　　　　　●執筆者：進藤美希

インターネットビジネス

インターネットを活用して展開するビジネスをインターネットビジネスと呼ぶ。現代社会では多くのビジネスでインターネットが活用されている。しかし，すべてのビジネスが成功しているわけではない。ここでは，どのようにインターネットビジネスを設計したらよいかについて述べる。

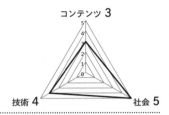

関連キーワード　　インターネットビジネス，TCP/IP，ビジネスモデル

インターネットビジネスは，インターネットを活用して展開するビジネスである。インターネットは，TCP/IP技術に基づく，中央制御がされていない，コンピュータネットワークのことである。ゆえに，このビジネスにおいて，インターネットやコンピュータの技術の本質に沿っていないビジネスを設計してしまった場合，十分に機能しない。そのため，インターネットビジネスをはじめようとする人は，たとえ技術を担当しなくても，ある程度の技術を学ぶ必要がある。

基盤としてのインターネット関連技術を理解したうえで，つぎに行うことは，価値創造の仕組みを作ることである。具体的には，ビジネスモデルの設計を行う。インターネットビジネスでは，ビジネスモデルの設計が重要である。ビジネスモデルとは，ビジネスの基本構造である。

なぜ，インターネットビジネスでビジネスモデルが重要なのか。インターネットビジネスの領域では，製品，サービス，技術の差別化だけで競争に打ち勝つことは困難である。単品としての製品，サービスで他社を一歩リードしたとしても，すぐに真似され，追いつかれてしまうからである。また，インターネット技術は標準化が進んでおり，差がつきにくくなっているという事情もある。ゆえに，他社に容易には真似できない競争優位を作り出したいと願うなら，ビジネスモデルで差別化しなければならない。

ビジネスモデルは，コミュニティ，アライアンス，技術，製品，サービス，メディアとの関係などから構成される，複雑な体系である。一つの要素だけ取

り出して真似をしても，全体像を再現することはできない。

　このビジネスモデルをコアとした，インターネットビジネスの設計手順を図に示す。基盤となるインターネット，コンピュータ技術に基づき，価値創造の仕組みを作る（ビジネスモデルの設計）。あわせて，ビジネスモデルを根本から変えるようなイノベーションについても考慮しておく。

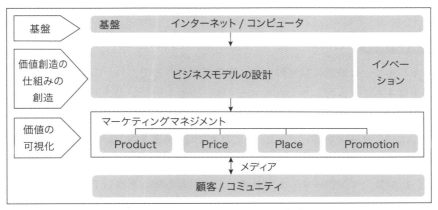

図　インターネットビジネスの設計手順

　つぎに，上記で創造した仕組みのなかで，いかに顧客に価値を提供するかを，マーケティングマネジメントの四つの視点（製品開発：Product，価格戦略：Price，流通戦略：Place，広告戦略：Promotion）の視点から考え，設計していく。

　最後に，メディアを通じて顧客やコミュニティに提供する仕組みを作ることで，インターネットビジネスの設計が完了する。

　インターネットビジネスにおいては，以上のような設計をビジネスごとに行う必要があり，さらに，運用や保守についても考えなければならない。検討事項は多いが，新しいビジネスを生み出すことが容易なフロンティアであり，アイデアが生かせる領域でもある。これまでのビジネス慣行にとらわれず，チャレンジしたい人にとっては，大きなチャンスが与えられているということができる。

もっと知りたい！ ➡ 「メディア学大系」8巻，10巻と関連があります。

ビジネス・サービスデザイン

● 執筆者：進藤美希

モバイルマーケティング

モバイルは人々の生活に不可欠なものとなった。ここでは，普及を背景に，モバイルを活用した企業のマーケティングと，ユビキタスネットワークを活用した新たなビジネスについて述べる。

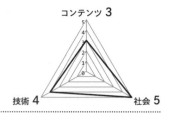

コンテンツ 3
技術 4
社会 5

関連キーワード モバイル，広告，ユビキタス，IoT，センサ

モバイルとは狭義には移動可能な通信機器のことであり，広義には人やモノによりそうネットワーク，ハードウェア，ソフトウェアのことである。日本における無線通信は，日本電信電話公社がポケベルの提供を1968年に開始したことによりスタートを切った。以来，これまでに，携帯電話の契約数は日本の人口を超えるほどに普及した。マーケティング，ビジネス面で考えると，モバイルは，以前は，インターネットとはまったく異なる構造を持っていた。インターネットが分散型／水平分離型のビジネスモデルを取っていたのに対し，モバイルは，垂直統合型のビジネスモデルを取っており，結果としてキャリア（携帯電話会社）の影響力が強かった。しかし，段階を踏んで，モバイルのビジネスモデルも分散型／水平分離型となり，MVNO（mobile virtual network operator）のように，キャリアがネットワークを開放し，ほかの事業者が独自にサービスを提供できるモデルも登場するなど，業界構造も大きく変化している。

さらに，スマートフォンの登場および普及以降は，OSの提供者，デバイスの提供者，アプリケーションやサービスの提供者の影響力が強くなった。スマートフォンとは，Android，iOS，などのOSを搭載し，音声通話が可能で，高機能かつアプリやソフトウェアのカスタマイズが可能なデバイスのことである。

スマートフォンは生活者にとって，非常に重要なデバイスとなっており，人々はその使用に多くの時間を費やしている。その結果，広告媒体としてのモバイルの重要性も増しており，モバイル広告の市場が活性化した。

しかし，生活者から，モバイル広告は必ずしも歓迎されていない。モバイルは非常にパーソナルな存在（空間）であり，リラックスして自分の時間を楽しむ

ためのものである。そこに，土足で侵入してくる広告には，嫌悪感を抱くことが多い。モバイルの画面サイズはパソコンよりも小さいので，表示される広告の存在感は大きくなる。さらに，生活者が誤って，広告をクリックする確率も高まる。このように，モバイル広告の出稿にあたっては，注意すべき点が多々あるものの，今後の広告の中心にモバイル広告がなることは疑いない。ゆえに，どのようなモバイル広告であれば生活者に嫌悪されず，受容されるのかについての試行錯誤が行われている。

モバイルを活用したビジネスについては，今後さまざまな発展が考えられるが，その一つの方向性として，ユビキタスネットワークを活用したビジネスが想定されている。ユビキタスとは，神は遍在するという意味のラテン語由来の英語である。ユビキタスネットワークとは，いつでも，どこでも，だれでも，なんでも，つながっているネットワークである。

ユビキタスの要素のうち，「いつでも，どこでも，だれでも」は，モバイルによってある程度実現した。しかし，「なんでも」の実現はなされていなかった。コンピュータ上の情報だけではない，モノがネットワークにつながる技術が必要とされていた。この点を埋めたのが IoT（internet of things）といわれる技術である。

IoT は，モノに通信機能を持たせ，インターネットに接続したり相互に通信することである。さまざまな応用例があり，例えば，無人のトラックを衛星ネットワーク経由で制御して，大規模な開発，掘削を行うなどである。

今後，センサ技術などがより発展すれば，人間がスマートフォンなどのデバイスを持たなくても，自動的に本人認証されることで，施錠されたドアを開けたり，レジでお金を払わずにお店で商品をピックアップして持ち帰る（もちろん自動的に当人に課金される）ことができるようになるだろう。

モバイル，ユビキタス，IoT，センサの発展は，今後の社会を一変させるインパクトを持っている。ビジネスを設計し実施する人は，それをいかに活用するかについて考え，モバイルマーケティングを実行していくことになる。

もっと知りたい ➡ 「メディア学大系」**5巻**，**10巻**と関連があります。

ビジネス・サービスデザイン　　　　　　　　　● 執筆者：進藤美希

コンテンツのマーケティング

ここでは，人間の創作活動の成果である作品を核にしたコンテンツマーケティングについて述べる。コンテンツのビジネスは現代において重要性を増しているが，そのマーケティングには難しさもある。

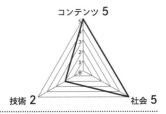

関連キーワード　　コンテンツ，作品，クリエイター，コンテンツホルダ，クールジャパン

広告業界では，ターゲットの関心を惹くような動画などを使う広告手法のことを，コンテンツマーケティングと呼んでいる。しかし本キーワードのテーマはそこにはない。

ここでいうコンテンツのマーケティングとは，人間の創作活動の成果である作品を核に，コンテンツ，すなわち製品を作り，その製品を著作権法上の権利をもとに，さまざまな形態に変容させ，コンテンツホルダが，さまざまなメディアを経由して顧客に提供するマーケティングのことをいう。

コンテンツはこれまではあまりマーケティングの対象になってこなかった。なぜならマーケティングの手法で扱いにくい特性を備えていたためである。

扱いにくい特性とは，以下のようなものである。コンテンツの作者は個人であることも多く，そうした場合，企業のなかだけで作ることは難しい。また，多くの人に好かれるコンテンツはあっても，すべての人に好かれるコンテンツはないので，多品種を生産することが必要である。さらに，顧客は作品を読んだり見たりする前に料金を前払いしなければならないので，サンプルや体験版として，ある程度の内容を事前に開示する必要があるが，あまりにも多くの内容を開示してしまうと，本編にお金を出して買う動機を失わせる。また，プロモーションは必要だが，しすぎると，飽和感を与え売上は落ちる。

このコンテンツのマーケティングの構造について図に示す。まず，作者，クリエイターが著作物としての作品を作る制作（create）の段階がある。つぎに，製作者（コンテンツホルダ）が作品を大量生産品，複製品である製品に変容さ

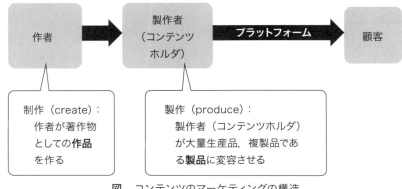

図　コンテンツのマーケティングの構造

せる製作（produce）の段階がある。こうしてできたコンテンツをインターネットなどのプラットフォームを経由して顧客に届ける。

　つまりコンテンツのマーケティングには，作者中心の段階と，コンテンツホルダ中心の段階が存在する。この二つのプレイヤーは，目標が異なっていることがあり，その調整をせずに成功することは困難である。

　さてコンテンツのマーケティングが注目されている背景には，社会の経済構造の変化がある。20世紀が工業中心の社会だとすると，現代は知識やアートやソフトウェアが経済の中心になりつつある。

　日本政府もこの点に注目して，クールジャパンの名のもとで，日本のコンテンツをグローバルに展開する努力をしてきた。ビジネスとしての期待はもちろん，コンテンツには大きな影響力があるからである。例えば，子どものころに日本のアニメをみてファンになった人は，大人になったあとも，日本に対して良い印象を持ち続けることが知られている。こうした影響は，さまざまな局面で力を発揮することがある。

　今後もコンテンツのビジネスの発展に向けて，さまざまな手法が試されるものと思われる。

もっと知りたい ➡ 「メディア学大系」**3巻**と関連があります。

ビジネス・サービスデザイン　　　　　　　　　　　執筆者：進藤美希

広告技術

ここでは，アドテクノロジーとも呼ばれる広告技術について述べる。これまでの広告はそれほど技術が重視されてこなかった。しかしインターネット広告では多様な技術が活用されている。とはいえ，広告と技術が両方理解できる人材は不足しており，その教育は大きな課題である。

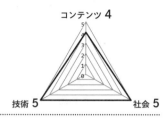

関連キーワード　広告，アドテクノロジー，動画広告

広告においては長い間テレビ広告が主役であったが，近年，インターネット広告が大きく成長した。その成長により，広告業界では大きな変化が起こった。例えば，広告主が自社のメディア（オウンドメディア，自社サイトなど）を活用するようになり，媒体社，広告会社との関係を見直しはじめるなど，ビジネスモデル上の変化が起こっている。

しかし，最大の変化は，インターネット広告では，さまざまな広告技術を用いて効率の良い活動が可能になったという点にある。

これまでの広告は，ターゲットを的確に選定してその人のみに見せることは困難だった。テレビコマーシャルは非常に多くの顧客に見てもらうことができる，いまでも有効な広告手法であるが，ターゲットの絞り込みは困難であった。

一方，インターネット広告は，顧客の検索などの行動パターン，デモグラフィック要因，居住地域などを組み合わせて，広告主が望むターゲットを絞り込んで届けることができる。リターゲティングといわれる手法を用いれば，一度そのサイトにアクセスした顧客のデータに基づき，その顧客が見るいろいろなサイトに何度も広告を表示したり，サイトへの再訪問をうながしたりすることも可能である。

しかし，こうした手法は，広告主にとってはターゲットを絞り込めるので，非常に有効な手法と思えるが，顧客にとっては，行く先々で同じ広告を見せられるために，あたかもストーカーのようだといった思いを抱かせる場合もある。結果として広告，そして広告主企業そのものへの強い嫌悪感を起こすこともあ

るので，注意が必要である。今後は，顧客がどのように感じ，また，どのような環境・状況でその広告を見ているかに配慮して広告を配信することが望まれている。つまり，空気を読む広告となることが必要である。

さて，インターネット広告の実務においては，広告の多くが，運用型広告と呼ばれる形態で取引きされる。運用型広告とは，ビッグデータをもとに，最適な広告配信を実現する手法やそのためのプラットフォームなどを含む概念である。具体的なサービスとしては，Google が運営するグーグルディスプレイなどが知られている。

こうした手法を用いると，広告がどのような効果を生んだかも容易に測定することができる。広告はこれまで効果検証が難しい活動だとされてきた。テレビの視聴率調査などはあったものの，それが広告主企業の売り上げにどの程度寄与したかについては未知の部分が多かった。しかしインターネット広告では，広告表示回数，クリック数，サイト訪問数，購買数などのデータを正確につかむことができる。こうしたデータに基づき，効果がないと判断した広告を迅速に差し替えたり取り下げたりすることも可能になった。

データが取りやすいため，一時期インターネット広告は，直接の購買をうながすもの（刈り取り系と呼ばれる）が大勢を占めたときもあった。だが，優れたクリエイティブのインターネット広告であれば，当然，ブランド力の強化にも貢献できるとの考え方が現在では主流になっている。

特に動画広告は，ブランドリフトに効果があるという認識が広まっている。そのため，動画広告は，広告会社，広告主にとって，総合的，戦略的に取り組む価値のあるテーマとなっている。とはいえ，50 年来の歴史を持つテレビコマーシャルとは異なり，動画広告のクリエイティブノウハウは確立したとは，まだいえない。顧客中心にすべてを考える必要があるという認識は共有されているが，現時点では試行錯誤をしつつ，発展しているという状況にある。だからこそ工夫の余地も大きく，興味深いフォーマットとなっている。

もっと知りたい❶ ➡ 「メディア学大系」**5巻**，**10巻**と関連があります。

ビジネス・サービスデザイン　　　　　　　　　●執筆者：進藤美希

インターネットコミュニティ

インターネットが発達する以前のコミュニティは，地域に属するものであった。しかし現在のインターネットコミュニティは，グローバルに広がっている。そこでは人々のコミュニケーションが行われていることはもちろん，新しい革新をもたらすイノベーションも起こっている。

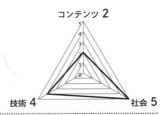

関連キーワード　コミュニティ，SNS，フリーソフト，オープンソースソフト，オープンイノベーション

コミュニティは，人に，ほかの人とともに生きる場を与えるものである。コミュニティは，インターネットの発達する前は，同じ地域にいる人々により形成されていた。しかし，現代のインターネット上のコミュニティ，すなわちインターネットコミュニティは，地域に限定されることなくグローバルに形成されている。

インターネットコミュニティのなかでも，個人が情報を発信し，形成していくメディアはソーシャルメディアと呼ばれ，こうしたソーシャルメディアの方法で人々をネットワーキングするサービスのことをソーシャルネットワークサービス（SNS）と呼ぶ。

ソーシャルネットワークサービスにおいては，特定個人間のコミュニケーションが行われる場合が多いが，インターネットコミュニティのなかには，コミュニケーションではなくクリエーションに焦点を当てたものもある。その代表的なものの一つがフリーソフトとオープンソースソフトを開発するコミュニティである。

フリーソフトとは，米国のリチャード・ストールマン（Richard Matthew Stallman）が提唱した四つの自由を守ったソフトウェアとその概念のことである。ソフトウェアのソースコードを公開・共有して多くの人の協力を得てよりよいソフトウェアを作っていこうという考え方に基づき，インターネットコミュニティで創作活動が行われてきた。

フリーソフトは

① 目的を問わずプログラムを実行する自由

② プログラムがどのように動作しているか研究し必要に応じて修正を加え取り入れる自由

③ 身近な人を助けられるようコピーを再頒布する自由

④ プログラムを改良しコミュニティ全体がその恩恵を受けられるよう改良点を公衆に発表する自由

を備えたソフトウェアである。ソースコードが公開されているので，多くの人がソースコードにアクセスして欠陥の修正や改良を行なうため，結果として信頼性が高い優れたソフトウェアとなる。

フリーソフトに対し，オープンソースソフトとは，プログラムのソースコードが開示されているソフトウェアのことをいう。フリーソフト運動は社会運動というイメージが強くなったため，企業などにも受け入れやすい新しい用語が必要になった。そのためのマーケティング用語として，1998 年に，エリック・レイモンド（Eric Steven Raymond）らによって，オープンソースという言葉が生み出された。

このネーミングは成功し，多くの企業がオープンソースを活用し，コミュニティに協力をしはじめた。これらのコミュニティの活動による成果は，社会のなかで広く活用されている。

こうした，コミュニティを活用した開発はオープンイノベーションと呼ばれることもある。オープンイノベーションとは，一つの会社のなかに閉じこもった研究開発ではなく，広く外部の力をも活用して研究開発を行う方法であり，インターネットの発展，インターネットコミュニティの発展なしには実現できなかった研究開発方法である。

オープンイノベーションにより，ソフトウェアの領域だけではなく，製薬など多くの領域で，革新が行われている。

もっと知りたい！ ➡ 「メディア学大系」**7**巻をご覧ください。

ビジネス・サービスデザイン　　　　　　　　　　● 執筆者：進藤美希

映像配信サービス

映像配信サービスとは，エンドユーザに対し，インターネットなどのメディアを通じて映像を提供するサービスのことである。ここでは，インターネット上の映像配信サービスについて述べる。

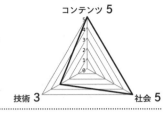

関連キーワード　ストリーミングサービス，ビデオオンデマンド，Netflix

インターネット上では，さまざまな映像配信サービスが提供されている。インターネット上の映像配信サービスは表のように分類できる。

表　インターネット上の映像配信サービスの分類

配信方式 \ リアルタイム性	非リアルタイム				リアルタイム		
ダウンロード	VOD				--		
ストリーミング	VOD				リアルタイムストリーミング		
	動画共有サイト	VOD AVOD TVOD SVOD	クラウド放送	見逃し視聴サービス	地上波放送の延長にあるサービス		ライブ中継
					IPサイマル放送	インターネット専業放送局	

リアルタイム性から見ると，サービスはリアルタイムサービスと非リアルタイムサービスに分かれる。リアルタイムサービスとは，映像の生成，発信，受信，視聴が同時に行われるサービスのことを指す。非リアルタイムサービスとは，発信者が一度サーバ上に映像を蓄積し，利用者が任意の時間にアクセスするサービスのことを指す。

一方，配信方式から見ると，インターネット上の映像配信サービスはダウンロードサービスとストリーミングサービスに分かれる。ダウンロードサービスとは，利用者が端末に一度映像を受信してから蓄積し，その後自分の端末上で

再生して視聴するサービスを指す。一方，ストリーミングサービスとは，利用者が発信者のサーバに対して接続を確保しながら，映像を視聴するサービスを指す。

　ストリーミングサービスのうち，非リアルタイムサービスはビデオオンデマンド（VOD）と呼ばれ，リアルタイムサービスはリアルタイムストリーミングと呼ばれる。VOD には YouTube のような生活者が自作の動画を投稿し共有するソーシャルな動画共有サイト，プロが作成した映像を提供する映像配信サービスがある。さらに VOD サービスは，課金方式別に以下の 3 種類に大別される。

　　AVOD（advertising video on demand）：広告付きビデオオンデマンド
　　TVOD（transactional video on demand）：ペイパービュービデオオンデマンド
　　SVOD（subscription video on demand）：定額制ビデオオンデマンド

　さらに，テレビ局の放送と密接に連携した方式として，クラウド放送と見逃し視聴サービスの二つがある。クラウド放送とは，放送局が番組を作るごとに即インターネットのサーバに蓄積する放送型サービスである。見逃し視聴サービスは，地上波放送の最近の番組を一時的に提供して，次回の放送の際に続きを見てもらうことを目的としたサービスである。また，リアルタイムストリーミングには，地上波放送の延長上にあるサービスとして，地上波の放送を同時に再送信する IP サイマル放送，地上波放送局とは別に新たに設立されるインターネット専業放送局があり，さらに，さまざまなイベントやコンサートなどを中継するライブ中継サービスがある。

　アメリカではインターネット上の映像配信サービス事業者，特に SVOD の市場が活況を呈している。2007 年に Netflix が SVOD を開始して以来，この市場は発展を続けている。Netflix は日本では 2015 年にサービスを開始している。

もっと知りたい❗ ➡ 「メディア学大系」**10 巻**と関連があります。

ビジネス・サービスデザイン　　　　　　　　　● 執筆者：上林憲行

サービスデザイン

サービスデザイン（service design）は，ユーザの体験価値や利便性価値を ICT などの技術を駆使してサービスとして具体化するデザインプロセスや方法論の総称である。Pokémon GO なども世間を席巻したサービスの代表例といえる。

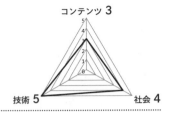

関連キーワード　サービスイノベーション，サービスサイエンス，デザイン思考，ユーザエクスペリエンス（UX），体験価値デザイン，カスタマージャーニマップ

まず，サービスのユニークな特性と ICT サービスについて考えることとする。サービスについては，有形性を持つプロダクト（製品）と比較するとその特性が理解される。サービスは，無形性，揮発性，品質の異質性，非所有性などの性質を有し，サービス利用者にとって有益な効用・価値を提供する抽象的な実体である。近年のインターネット・モバイル通信とスマートフォンの飛躍的な普及にともない，サービスはますます生活の随所に浸透してきている。

有形のプロダクトをデザインすることは，人類の歴史のなかで営々と積み上げられてきた営みである。特に工業化社会においては，プロダクトの品質を保証して大量生産する製造業が価値の源泉であった。しかし今日，ICT を活用したサービスが最もイノベーティブな成長分野だとされてきている。そもそも，無形のしかも非可視的なサービスをデザインするということは，どのようなことなのだろうか？ プロダクトや建築物であれば，図面で表現し，CAD などのツールを使いデザインしてゆくことになる。でき上がるプロダクトもプロダクトをデザインするプロセスも，可視化して理解することができる（有形労働で有形価値をデザインする）。しかるに，サービスでは，でき上がりサービスも，サービスをデザインするプロセスも，可視化できないという本質的な性質を持っている。つまり，無形価値を無形労働でデザインすることが，サービスデザインの本質なのである。

従来，人が対応する価値提供のことをサービスと呼んでいたが，近年は ICT の脅威的な進歩により，自動販売機に代表されるように機械がサービスの担い手になり，人が応対するが，遠隔地から ICT を駆使して能率的なカスタマーサポートをするコールセンター型のサービスも広く社会に浸透してきている。さ

らにホテルや旅行の予約などのように，Web サイトからセルフサービスで 24 時間，どこからでもサービスを享受・利用できるようになるなど，サービスのあり方も大きな進化をとげている．以下の図はサービスの類型と進化の概略である．

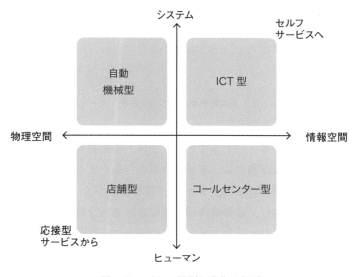

図　サービスの類型と進化の概略

　サービスデザインについては，21 世紀になって，強く意識された概念であるので，標準的な方法論やツールは確立されておらず，進化過程にあるという状況である．その意味では，進化に参画貢献できる可能性があると考えられる．ソフトウェアによる業務システムデザインなどについては，数十年の歴史がある．いままでは，デザインの中心課題は，業務のコンピュータ処理化を行うための業務の定式化であった．しかしこれからのサービスでは，サービスの利用者・ステークホルダへの提供価値（利便性，体験価値）を創出して具現化することに焦点が向けられている．そのために，ユーザ研究，コンテキスト研究などに関する方法論やツールの比重が大きくなっている．ユーザ観察などについては，文化人類学の代表的な方法論であるエスノグラフィなどの方法論も取り入れられてきている．その意味では，サービスサイエンスやサービスデザインに関しては，文系や理系の枠組みを超えた，横断的な文理芸融合分野の代表例である．

もっと知りたい❗ ➡ 「メディア学大系」**5 巻**と関連があります．

音楽

音楽産業

● 執筆者：吉岡英樹

音楽産業とは，音楽コンテンツを制作して販売したり，ライブコンサートを行ったりする経済行為のことである。

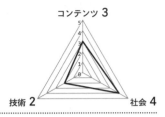

関連キーワード 音楽ビジネス，音楽著作権，レコード会社，アーティストマネジメント，ライブエンタテインメント

ここではメジャーデビューをしたアーティストの活動を対象とした音楽産業について述べる。音楽産業とは，楽曲の作詞や作曲をするアーティスト，そのマネジメントを行う音楽プロダクション，CDやディジタルコンテンツの製作・流通を行うレコード会社，音楽著作権の管理などを行う音楽出版社，ライブエンタテインメントを主催するコンサートプロモーターなどが中心となって行う経済行為である。

音楽コンテンツを扱うビジネスにおいて，その著作権を保有することが利益を上げることにつながる。図はビジネスにかかわる人や会社の構成と，著作権にかかわるお金の流れを表している。例えば，作詞・作曲をするアーティストがメジャーデビューする場合，一般的にはレコード会社，プロダクション，音

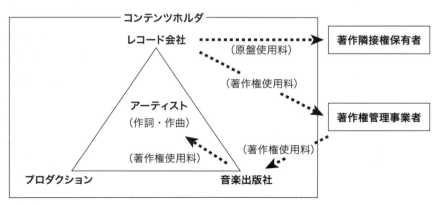

図　トライアングル体制と著作権使用料の流れ

楽出版社と契約を結ぶことが多い。これをトライアングル体制と呼び，楽曲を作り，完成したコンテンツを販売し，その著作権使用料を徴収する効率を上げることになる。また，契約を結んだ4者はコンテンツホルダと呼ばれ，楽曲の著作権を保有する。

　私たちがCDを購入した場合，その一部が著作権使用料としてJASRACなどの著作権管理団体に支払われる。徴収された使用料から手数料が引かれ，残りの金額が音楽出版社に支払われる。さらに音楽出版社の手数料などが引かれ，作詞・作曲をしたアーティストに印税が支払われる。

　これまで説明した著作権使用料とは，作詞・作曲をしたことに対する権利である。一方で，レコード会社が保有するレコード製作者の権利や，演奏をした者が保有する実演家としての権利を著作隣接権と呼ぶ。著作隣接権の使用料は，日本レコード協会を通じてレコード会社などのコンテツホルダに支払われるほか，実演家著作隣接権センター（CPRA）を通じて実演家に支払われる。

　日本レコード協会の統計によると，音楽ソフトの生産金額推移はCDが中心であった1998年をピークに減少しており，現在ではその半分以下になっている。2005年にはAppleのiTunes Music Store（アイチューンズ・ミュージック・ストア）と呼ばれる音楽ダウンロードサービスが日本でも開始して話題になったが，CDの売り上げが減少した分を補うまでには至らなかった。

　そして，現在注目を集めているのがサブスクリプション型音楽配信サービスである。そのなかでも世界中に普及しているのがスウェーデン発のSpotify（スポティファイ）というサービスだ。特徴は，月額定額制であること，聴き放題であること，Facebook（フェイスブック）と連携をしていることである。また，ユーザーの好みに合わせて楽曲を紹介する機能には人工知能が使われており，数千万曲もある楽曲のなかから自分好みのものを探すのが容易になった。

● 今はアナログレコードの時代？　　　　　　　Column

　20世紀中ごろにアナログレコードが普及し，世界中に音楽を流通させることが可能になった。しかし，1982年にCDが登場し，アナログレコードで音楽を聴く機会はほとんどなくなった。そのアナログレコードが近年注目されており，年々売り上げを伸ばしているのだ。ディジタルコンテンツが普及したことにより，自分が好きな音楽をモノとして所有することの価値が再認識されているのだろう。

もっと知りたい！ ➡ 「メディア学大系」**9巻**をご覧ください。

音楽

サウンドデザイン

● 執筆者：大淵康成

モノの見栄えや使い勝手を良くするための「デザイン」の考え方を，音作りにも取り入れるようになってきた．音の美しさと情報伝達の効率性，それに音環境整備という三つの観点から，音のデザインについてのさまざまな検討が行われている．

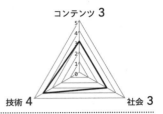

関連キーワード ミキシング，PA，快音化，アクティブノイズコントロール，接近警告音，サウンドスケープ，ユニバーサルデザイン，可聴化，可視化

音楽は芸術の一分野であり，美しい音の創作は，作者の感性に依存するところが大きいとされてきた．しかし，ディジタル音響技術の発展にともない，ミュージシャンとエンジニアの分業が広まり，技術としての音のデザインが持つ影響が大きくなってきている．スタジオ録音では，単体として録音された各音源に対し，さまざまな特殊効果を加えてまとめていくミキシングの仕事が，ますます重要になってきている．一方，ライブパフォーマンスにおいても，PA（public address）と呼ばれる再生システム全体のコントロールが求められている．さらには，音の伝達特性を考えたコンサートホールの設計も，音のデザインの重要要素の一つである．

工業製品の形態や機能をデザインするプロダクトデザインの考え方をもとに，音作りを考えるケースも増えてきている．工業製品と音の組合せでは，古くから「騒音の低減」が大きなテーマであった．騒音のレベルそのものを低くするだけでなく，どのような音であれば不快感が少ないのかという観点も重要である．騒音を発する機械を調整して音質を変える「快音化」の技術に加えて，不快な騒音に別の音を加えて不快感を低減させる技術なども研究されている．逆位相の音を使って既存の音を打ち消すアクティブノイズコントロールの仕組みを応用した騒音低減システムなども開発されており，一定の騒音抑制効果が確認されている．

こうした騒音低減技術が広まる一方で，「昔の自動車のエンジン音が懐かしい」というようなユーザも現れ，意図的にエンジン音を作り，車室内だけで再

生するといった試みもある。ハイブリッドカーや電気自動車の接近警告音のデザインなども含めて，自動車に関する音のデザインは，近年重要性が高まっている分野の一つである。

芸術表現としての音，情報伝達手段としての音に加えて，環境に存在する音への注目も高まってきている。近年，視覚的な意味での景観を表す「ランドスケープ」という概念に対比する形で，聴覚的な意味での景観を表す「サウンドスケープ」という概念が提唱されるようになった。1996 年には，環境庁（当時）が「残したい"日本の音風景 100 選"」として，さまざまな自然の音や民俗行事の音などを選出している。とりわけ，祭りなどの無形民俗文化財の保存活動の一環として，音のアーカイブ化への注目が高まっている。また，すでに存在する音の保存だけでなく，新たな環境音のデザインの研究も進められている。大きすぎる音は小さくし，快適な音や必要な音がきちんと聞こえるような音環境を整える試みは，どんな人にでも必要な音が伝わるようにする，音のユニバーサルデザインであるともいえる。

最後にもともと音ではなかった情報を，音として表現する場合についても述べておこう。こうした技術は「可聴化（sonification）」と呼ばれる。近年，目に見えないものを見えるようにする「可視化」という言葉が用いられるケースは多いが，時間とともに移りゆく情報や，意識の片隅で少しだけ気にしておきたい情報などは，聴覚を通じて感じるほうが適していることがある。特に最近ではさまざまな科学的データを身近に感じる手段として，可聴化が用いられる例が増えている。

● 音の可視化　　　　　　　　　　　　　　　　　　　　　　　　**Column**

　サウンドデザインの作業は，必ずしも聴覚だけで行うものではない。音には俯瞰性がないので，なんらかの形で可視化を行い，音の全体像を見ながらデザインをしていくことも重要である。オーディオの分野では，周波数ごとの強さを一覧できるグラフィックイコライザがよく用いられる。周波数方向と時間方向の両方の情報を一覧したい場合には，スペクトログラムを用いた表示が便利である。また，空間内の騒音分布や，さまざまな環境音の配置を地図上に表現したものは，サウンドマップと呼ばれる。このように，音の可視化も進んでいる。

もっと知りたい⚠ ➡ 「メディア学大系」**9 巻**をご覧ください。

ヒューマンインタフェース

コンピュータシステム

コンピュータネットワーク

社会・経済情報

ソーシャルデザイン

ビジネス・サービスデザイン

音楽

音楽

音楽創作

● 執筆者：吉岡英樹

音楽創作とは，自らの発想を旋律のある音楽や，音の響きとしてのサウンドという形にするために，音を録音したり，コンピュータ上で制作したりすることである。

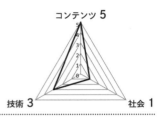

関連キーワード サウンドクリエイター，作曲，編曲，MIDI，シンセサイザー，音響処理，録音，ミキシング，マスタリング

もともと音楽を楽しむには，楽器を演奏したり，歌ったりして，その生演奏を聴くほかに手段はなかった。しかし，1877年にトーマス・エジソンが発明した蓄音機をきっかけに，音を録音し，再生することが可能になった。その後録音技術が発達し，1960年ごろにはマルチトラックレコーディングへと進化した。この技術により，生演奏を録音するだけでなく多重録音をすることで，生演奏では実現できないサウンドを作り出すことが可能になった。

その後，録音機器や音響機器がさらに進化し，録音スタジオで多重録音をしながら音楽創作をすることがプロのミュージシャンにとっては一般的となった。しかし，これらの機器はとても高額で，録音スタジオを借りるのには一日数十万円もかかる場合もあった。

また，1964年に発表されたモーグシンセサイザーは，現代の音楽には欠かせない電子音を音楽に取り入れるきっかけとなった。さらに，1982年には日本やアメリカの電子楽器メーカーが中心となり，MIDI（Musical Instrument Digital Interface）と呼ばれる世界共通規格を策定した。これにより，演奏データを異なるメーカーの機器間で転送することが可能になり，創作環境の可能性が格段に広がった。

現在では，コンピュータ上で音楽創作をすることが一般的である。シンセサイザーや音響処理を行う機能がすべてソフトウェアになり，コンピュータ上ですべての工程を行うことが可能になった。また，音楽創作環境を構築するのに

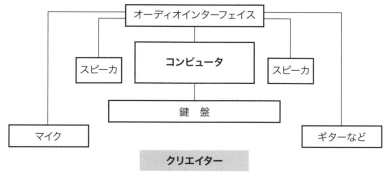

図　音楽創作環境の例

かかる費用も安価になったため，アマチュアでもすぐに音楽創作を行うことが可能である（図）。

それでは，現代の一般的な音楽創作の手順を説明する。音楽クリエイターは，コンピュータに接続された鍵盤を使って，コード進行やメロディを入力して作曲する。その後，ソフトウェアのシンセサイザーを使ってさまざまな楽器の音を加え編曲をする。ギターの音を録音するには，コンピュータにオーディオインターフェイスを接続して演奏する。歌詞を作ったらマイクを通して録音する。

多重録音をした場合，音質を調整してバランスを整える必要がある。イコライザーやコンプレッサーと呼ばれる機能を使い，ミキシングを行う。また，リバーブ機能を使うと残響音を付加することができるため，より立体的な音像を作り出すことができる。最後にマスタリングと呼ばれる作業を行うことで，さまざまな再生機器で聞いても音質がある程度一定になる。

● 歌の音程も修正可能！　　　　　　　　　　　　　　　　Column

マルチトラックレコーディングが可能になるまでは，いわゆる一発録音をしていたため，演奏に失敗したら録音し直さなければならなかった。しかし，異なるトラックにそれぞれのパートを録音すれば，後から失敗した箇所を修正することが可能なのだ。現在ではコンピュータで音声ファイルを編集するため，さらに作業が容易になった。しかも，録音した歌の音程を修正することも可能だ。ライブで歌が上手い歌手は，本当に歌唱力があるといえるだろう。

もっと知りたい⑦ ➡「メディア学大系」9巻をご覧ください。

音楽

● 執筆者：吉岡英樹

音楽配信

音楽配信とは，インターネットを通じて音楽をディジタルデータとして配布，販売することである。いつでも，どこでも，自分の好きな音楽を入手することが可能だ。

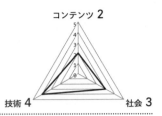

関連キーワード 音楽配信，ディジタルコンテンツ，データ圧縮，サーバ，コンテンツ配信，コンテンツ流通，コンテンツビジネス

音楽配信を行うには，配信用のディジタルデータに変換（エンコード）された音楽を，インターネットに接続した配信サーバにアップロードする必要がある（図1）。また，配信される音楽の著作権を保護するために，DRM（digital rights management）と呼ばれるディジタル著作権管理の技術が必要となる。

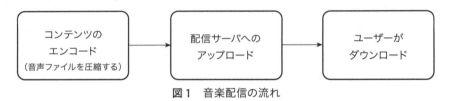

図1 音楽配信の流れ

音声圧縮技術にはさまざまな種類が存在するが，そのなかでも多く使用されているのが MP3（MPEG-1 Audio Layer-3）である。無料で音声を変換できるため広く普及したと考えられているが，著作権管理機能が付いていないため，商用サービスでは使用することができない。

そこで登場したのが AAC（advanced audio coding）で，世界中で展開している Apple の iTunes Store など多くの音楽配信サービスで使用されている。AAC は音声ファイルを圧縮しても高音質を保つことができ，著作権保護機能が備わっているのだ。ほかにも，Microsoft の WMA（Windows media audio）やソニーの ATRAC（adaptive transform acoustic coding）などがある。

音楽配信サービスには，ダウンロード型とサブスクリプション型の2種類が

ある。ダウンロード型サービスは，ユーザーのパソコンやスマートフォンに音楽ファイルをダウンロードして音楽を再生するため，保存できる楽曲数は再生機器の記憶容量に依存している。また，1曲またはアルバムごとに料金を支払うため，曲数が多くなればなるほど費用がかかる。

サブスクリプション型サービスは，音楽ファイルを一時的にダウンロードしながら再生するストリーミング方式を採用しており，月額定額制の聴き放題サービスとなっている。インターネットに接続できれば，いつでも好きなだけ音楽を楽しむことができる。スマートフォンからサービスを利用する場合は通信費用が別途かかる場合があるため，無線LAN環境のある場所で利用することが多い。

音楽レーベルやアーティストなどのコンテンツホルダが音楽配信をする場合，まずアグリゲータと呼ばれる音楽配信の流通業者に楽曲情報などの登録を行い，音楽配信を行う国や地域，サービスの種類，価格をウェブ上で設定する。アグリゲータはさまざまな国の音楽配信サービスとつながっているため，即座に世界中で音楽配信を行うことが可能になるのである（図2）。

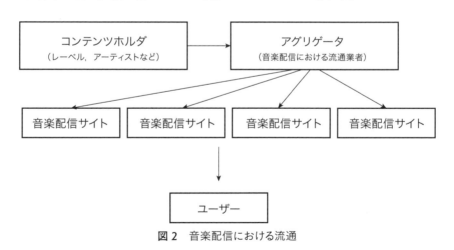

図2　音楽配信における流通

もっと知りたい❗ ➡ 「メディア学大系」9巻をご覧ください。

メディア学キーワードブック ―こんなに広いメディアの世界―
Media Science Keyword Book ―Invitation to Media Space―
Ⓒ東京工科大学メディア学部 2018

2018 年 3 月 16 日　初版第 1 刷発行

検印省略	編　　者	東京工科大学メディア学部
	発 行 者	株式会社　コ ロ ナ 社
		代 表 者　牛来真也
	印 刷 所	萩原印刷株式会社
	製 本 所	有限会社　愛千製本所

112-0011　東京都文京区千石 4-46-10
発行所　株式会社　コ ロ ナ 社
CORONA PUBLISHING CO., LTD.
Tokyo Japan
振替 00140-8-14844・電話(03)3941-3131(代)
ホームページ　http://www.coronasha.co.jp

ISBN 978-4-339-02882-9　C3055　Printed in Japan　　　　　(松岡)

JCOPY　<出版者著作権管理機構 委託出版物>
本書の無断複製は著作権法上での例外を除き禁じられています。複製される場合は，そのつど事前に，出版者著作権管理機構（電話 03-3513-6969，FAX 03-3513-6979，e-mail: info@jcopy.or.jp）の許諾を得てください。

本書のコピー，スキャン，デジタル化等の無断複製・転載は著作権法上での例外を除き禁じられています。購入者以外の第三者による本書の電子データ化及び電子書籍化は，いかなる場合も認めていません。
落丁・乱丁はお取替えいたします。